新能源发电员工入职三级安全教育培训教材

中国三峡新能源（集团）股份有限公司 编

内 容 提 要

本教材以满足新能源企业的新员工三级安全教育要求为目的，将电力安全生产基本常识、电力安全生产规程规范、企业安全生产规章制度、国家安全生产法律法规基本概念、典型事故案例分析等知识，分阶段、分专业、分岗位地进行系统化介绍，以起到不断强化新员工对安全教育培训的兴趣，使他们能全面、快速提升安全生产基本知识和安全基础技能的水平。

全书共四章，主要内容包括安全生产概论、新员工安全基础教育、新能源安全教育、外委施工单位的安全管理等。

本书可供新能源发电员工入职安全培训学习使用，同时也可作为电力施工外委人员、实习生等的学习参考用书。

图书在版编目（CIP）数据

新能源发电员工入职三级安全教育培训教材 / 中国三峡新能源（集团）股份有限公司编. —北京：中国电力出版社，2022.1（2022.6重印）

ISBN 978-7-5198-6511-5

Ⅰ. ①新… Ⅱ. ①中… Ⅲ. ①新能源–发电–安全培训–教材 Ⅳ. ①TM61

中国版本图书馆 CIP 数据核字（2022）第 022640 号

出版发行：中国电力出版社
地　　址：北京市东城区北京站西街 19 号（邮政编码 100005）
网　　址：http://www.cepp.sgcc.com.cn
责任编辑：薛　红
责任校对：黄　蓓　王海南
装帧设计：郝晓燕
责任印制：石　雷

印　　刷：北京天宇星印刷厂
版　　次：2022 年 1 月第一版
印　　次：2022 年 6 月北京第二次印刷
开　　本：710 毫米×1000 毫米　16 开本
印　　张：15.75
字　　数：288 千字
定　　价：62.00 元

编 委 会

主　任　王武斌　赵国庆

副主任　吕鹏远　吴仲平

委　员　张军仁　卢海林　吴启仁　李化林　刘　姿

　　　　陆义超　王爱国　杨本均　蔡义清　李丽萍

编 写 组

主　编　马中伟

副主编　李丽萍

参　编　王志勇　李　萍　赖梅芳　冉　佳　王　瑞

　　　　曾　嵘　辛　峰　闫晶晶　程晓旭　曾庆文

　　　　高铭远　郭康康　计宏益　张振森

序言 Preface

为大力实施国家双碳目标战略，策应我国将在2030年实现非化石能源占一次能源消费比重达到25%、在2060年实现“净零排放”碳中和的两个远景目标，中国三峡新能源（集团）股份有限公司（以下简称三峡能源）发挥中央企业的先锋作用，积极发展陆上风电、光伏发电、水电、抽水储能，大力开发海上风电，深入推动源网荷储一体化和多能互补发展，积极开拓抽水蓄能、储能、氢能等业务，着力为服务国家“3060”目标作出应有的贡献。

在新能源蓬勃发展的前景下，亟需吸纳大量的新员工从事新能源发电的建设、运行维护、检修等安全生产工作。要保证企业的生产在安全、稳定的环境中健康发展，新员工的安全知识水平、安全技能水平和安全管理水平与高速发展的经济必须同步得到提高。纵观历史上惨痛的事故教训深刻表明：安全培训的小投入，与事故所造成的损失比较是微乎其微的。因此，加大安全培训投入、加大安全培训力度，努力提高员工的安全素质和安全专业水平，才是奠定企业安全生产稳定的基石；没有安全就没有效益，这是经济发展的需要。

为了适应新能源快速发展的需要，统筹做好新员工安全教育培训，三峡能源根据新能源的特点和实际需要，在发电员工入职三级安全教育方面开展了大量的研究工作，积累了宝贵的实践经验，为三峡能源的安全稳定运行起到了重要的保障作用。

目前，国内外的新能源发电员工入职三级安全教育专著还不多，本书结合多年来三峡能源安全生产教育培训研究和实践，对新能源发电员工入职三级安全教育进行了总结和探索，反映了新能源发电员工入职三级安全教育的最新发展。相信本书为加强我国新能源发电员工入职三级安全教育，切实提高新入职员工安全意识，普及安全知识，掌握安全技能，增强自我保护能力，避免安全事故发生等将起到积极的作用。

中国三峡新能源（集团）股份有限公司

党委书记、董事长 王武斌

总经理、党委副书记 张龙

2021 年 12 月

前 言 Foreword

安全生产管理最根本的目的是在生产劳动过程中，保护人的生命安全和健康安全。坚持以人为本，树立全面、协调、可持续的安全发展观，是对企业安全生产的最根本要求。加强企业安全教育培训工作，提高人员安全意识和安全素养，是搞好企业安全生产管理的基础。新员工入职的三级安全教育培训工作，必须重点把握好培训对象、内容、形式、效果四个环节，切实做到培训内容的针对性、培训对象的层次性和培训形式的多样性；切实做好新员工的安全生产启蒙教育，使每个人的安全意识、安全知识、安全技能水平、专业技术能力得到启迪和提高，真正意义上实现由“要我安全，向我要安全、我懂安全、我会安全”上转变。

这本《新能源发电员工入职三级安全教育培训教材》由中国三峡新能源（集团）股份有限公司负责组织编写，是一本思想性、基础性、专业性很强的安全基础知识科普读本，内容全面实用、通俗易懂。这本书填补了三峡能源在新员工入职三级安全教育培训方面教材的空白，希望本教材能够在三峡能源的安全培训中发挥积极作用。同时，也可供广大员工、外委单位、实习生业余学习使用。

全书共四章，第一章为安全生产概论，涵盖安全生产的意义、任务、管理及思路等；第二章为新员工安全基础教育，涵盖安全生产法律法规、安全生产基本常识、安全生产基本技能、事故案例分析等；第三章为新能源安全教育，涵盖公司级、场站级、班组级三级安全教育范围及新能源各专业的相关安全生产知识、事故案例分析等；第四章为外委施工单位的安全管理，涵盖相关法律法规、有关管理制度、分包队伍管理、实习生安全管理等。

由于编者水平有限，加之编写时间仓促，尚且有很多需要补充和改进的地方，恳请专家和广大读者提出宝贵意见，帮助我们修改完善。

在编撰本书的过程中得到了中国三峡新能源（集团）有限公司领导的大力支持以及相关部门、单位的积极配合，在此向所有关心、支持、参与编辑的领导、专家、学者、编辑出版人员表示衷心的感谢！

《新能源发电员工入职三级安全教育培训教材》编写组

2021 年 12 月

目 录 Contents

第一章 安全生产概论

生产活动是人类最基本的实践活动，人们通过生产劳动创造自己赖以生存和发展的物质基础，同时推动社会文明的进步。然而，在生产过程中，由于存在各种各样的危险、有害因素，可能导致生产安全事故的发生而使正常的生产秩序遭到破坏，从业人员的生命安全和身体健康也会受到威胁或伤害。如何消除或控制这些危险及有害因素，防止生产安全事故的发生是我们直接面对并要解决的问题。

本章将对安全生产的意义、安全生产的任务以及安全生产管理进行说明。

第一节 安全生产的意义与任务

一、安全生产的意义

安全生产具有重大的政治意义，搞好安全生产是我们党和国家一贯的方针，是建设和谐社会的重要内容。我国是社会主义国家，国家保护劳动人民的根本利益；安全生产直接关系到每位从业人员的切身利益，同时也关系到经济建设是否能够顺利进行。社会主义国家与社会主义企业的责任就是要尽一切努力，在生产经营活动中避免一切可以避免的生产安全事故，安全生产是全国一切经济部门和生产企业的头等大事。

对企业而言，安全的生产可以带来更大的经济利益。一起事故的发生除了会造成人员伤亡、设备损失等直接经济损失外，还会造成因事故而引起的一系列的间接经济损失，甚至间接经济损失远大于直接经济损失。同时，安全的生产也带来重大的社会效益。国家要求从讲政治、保稳定的高度来抓好安全生产。

安全也是生产力。劳动力是生产力三要素之一，从业人员的安全素养的提高，使劳动力直接和间接的生产潜力得以保障和提升；安全装置与安全设施是保障从业人员安全的设施设备，可以理解为工具力；安全的环境和条件能保护生产力作用的正常发挥，从而体现安全生产力作用。

二、安全生产的任务

安全生产的任务，总的来讲，是保护从业人员在生产过程中的安全与健康，促进经济发展。具体来讲，安全生产的任务包括以下几个方面：

（1）积极开展工伤事故的预防与控制工作，减少或消除工伤事故，保证从业人员安全地进行生产建设。

（2）积极开展职业危害与职业病的预防与控制工作，防止职业危害与职业病，保障从业人员的身体健康。

（3）劳逸结合，保障从业人员有适当的休息时间，使他们保持充沛的精力。

（4）根据妇女的生理特点，对妇女进行特殊劳动保护。

第二节　安 全 生 产 管 理

企业应贯彻“以人为本、预防为主、强化监督、持续改进”的安全生产方针，牢固树立安全发展理念，坚持安全生产“双零”管理目标，全面实施安全生产“一岗双责”，着力构建全员安全生产责任制，推进安全生产规范化、标准化、信息化建设，建立健全安全生产长效机制，确保企业安全生产形势持续稳定发展。

一、安全生产管理目标和管理理念

1.“双零”管理目标

根据《中国长江三峡集团有限公司安全管理制度》提出，要坚持“双零”管理目标（“双零”即实现零质量事故、零死亡事故）。企业应始终把质量和安全放在首位，始终坚持安全生产“零死亡事故”管理目标不动摇。

2. 达到一流的安全管理水平

安全工作只有起点，没有终点。要保持毫不松懈、警钟长鸣的安全意识，持之以恒抓安全的决心和信心，努力实现安全生产创一流的目标。什么是企业的一流安全管理？如果事前能够预见可能出现的风险，提前采取预控措施，从细节上有效控制事故风险，能够保证整个生产过程不发生安全事故，即达到了一流水平；如果绝大多数风险能预见到，在少数苗头刚发生时，就能采取措施化解，没有造成大的损失和人员伤害，即达到了二流水平；如果发生了事故造成了一定损失，但能及时亡羊补牢、吸取教训、完善制度、弥补措施、不断地改进提高，应为三流水平。企业的各级安全管理都要追求一流的管理水平，一年一个台阶，一年一个变化，逐步达到一流安全管理水平。

3. 创建本质安全型企业

安全是企业生产活动永恒的主题。企业的安定团结，员工的家庭幸福，无一不来自安全的馈赠。通过剖析近年来发生的各类安全事故事件案例，对比国内外安全管理的成功案例，一个企业长治久安的根本在于创建本质安全型企业。如何做到本质安全呢？要注重以下几个方面：一要有正确的目标和理念；二要有相应的资源投入；三要有科学的管理方法；四要有完善的管理制度体系和手段。

4. 树立技术保障安全的理念

要做到本质安全，技术是保障。安全管理的主要基础在于技术工作，要从做技术方案开始，把施工、生产过程每一环节的安全技术措施考虑周全，用详细周密的安全技术措施保障施工与生产的安全。

5. 树立“三全”管理理念

企业应在安全生产过程中，坚持“全面管理、全过程控制、全员参与、持续改进”的安全管理理念。

二、安全管理工作思路

1. 强化安全意识，筑牢安全生产防线

安全管理既是管理问题、技术问题、经济问题，更是人的素质和意识的问题。安全工作绝不仅仅是安全管理人员的责任，更应该把安全管理的风险和责任层层化解到每个工作岗位、每项工作的每一个环节中，使之与工程进度管理、质量管理一样，成为工程与生产管理不可缺少的一部分。安全管理、人人有责，需要层层把关。因此，安全工作必须做到“五同时”，即在计划、布置、检查、总结、考核生产工作的同时，必须计划、布置、检查、总结、考核安全工作。要逐步建立和推进全员参与的安全生产管理机制，使安全行为成为一种习惯，做到人人关心安全，人人重视安全，人人有安全责任，真正将安全生产规章制度落到实处。

2. 用铁腕抓安全

要把“以人为本”与“依法治企”结合起来，落实“铁腕治安全”；要把一岗双责与问责制结合起来，落实“谁不重视安全，组织上就让他位子不安全”；要把科学发展观与安全文化建设结合起来，落实“要安全的效益，不要带血的利润”；要把企业履行社会责任与创建安全品牌结合起来，牢固树立“安全是效益、安全是品牌”的意识。

3. 细化规章制度，夯实安全基础

制定出切合实际的安全生产规章制度是夯实安全基础的保障。细化规章制度是要对规章制度的可操作性进行分析与研究，要严格落实企业的安全生产主体责任，必须建立健全自我约束、持续改进的内生机制，做到“三同时”，即生产经营单位新建、改建、扩建项目的安全设施，必须与主体工程同时设计、同时施工、同时投入生产和使用；施工现场安全防护设施的配置应与工程建设进度同步进行，施工现场安全防护设施验收合格后方可使用。施工现场安全防护设施的设置、使用应符合施工现场安全防护要求。通过建立企业全过程安全生产和职业健康管理制度，做到安全责任、管理、投入、培训和应急救援“五到位”，确保规章制度执行和落实到位。

4. 强化安全监管

强化安全监管，要建立健全隐患排查与限期整改的机制、安全生产投入的检查机制、重大隐患的监管机制。在强化生产部门的安全生产责任主体的同时，依然要加强对安全生产的监督管理，努力做到生产与安全监管两条线的融合。

安全监管要体现以下三个层次：一是项目部门对所属经营活动的监管，二是安全职能部门要发挥监管的独立性和权威性，三是要发挥外部安全检查组和政府安全监管部门的监督与督促作用。在安全生产管理上不要怕暴露问题和出现不足，在总结成绩的同时，还要对问题和不足进行深刻的检讨和剖析，这也是提高和进步的过程，要善于从中总结经验和教训，使安全生产管理水平逐步提高。

5. 强化安全风险分级管控和隐患排查治理双重预防管理

安全生产事关企业发展大局和形象，作为安全生产第一责任人的各级单位一把手，对于各自负责范围内的重大危险源，一定要做到心里有数，一定要制定有效的管控措施，时刻关注，要确保不发生重特大安全生产事故。对重点危险源过程控制要坚持“三全”的安全管理理念，按照 PDCA 循环要求，强化安全监督检查、持续改进、过程控制要实现管理闭合，通过检查管理是否闭合，持续改进安全管理。

6. 推进安全生产“一岗双责”制，构建全员安全生产责任制

安全生产“一岗双责”制是“管生产必须管安全、管生产经营必须管安全、谁主管谁负责”原则的具体体现。要严格履行安全生产法定责任，企业就必须实行全员安全生产责任制度，法定代表人和实际控制人同为安全生产第一责任人，主要技术负责人负有安全生产技术决策和指挥权，强化部门安全生产职责，落实一岗双责。

以工程建设为例：参建单位的施工部门是组织实施安全生产的责任部门，安全管理部门负有安全生产监督检查的责任，技术部门负有保障安全技术措施的责任；“一岗双责”就是明确施工单位项目部、监理单位项目部、建设部项目部在管理施工生产的同时应该履行的安全管理职责。

7. 实行安全管理闭环

安全管理闭环是指对检查发现的隐患问题，要根据隐患的不同级别区

别对待，分别采取现场口头整改要求、隐患整改通知单、停工整改通知单等方式下达整改指令，通过督促落实整改–整改回复–复查验证–销案等环节的落实，实现隐患整改闭环，及时消除各类隐患。

三、质量管理工作思路

为贯彻落实党和国家关于“质量第一、效益优先”“全面提升产品、工程和服务质量”等要求，适应企业多业务发展、多领域经营形势和企业化管控需要，规范企业质量管理工作，支撑企业战略，根据国家有关法律法规以及《中共中央国务院关于开展质量提升工作的指导意见》《国务院关于加强质量认证体系建设促进全面质量管理的意见》和国务院国有资产监督管理委员会《关于中央企业开展质量提升行动的实施意见》《关于加强中央企业质量品牌工作的指导意见》等政策规定，企业须制定质量管理规定。

坚持“质量第一、勇于担当、全面管理、追求卓越”的质量方针。以高品质的产品、工程和服务打造企业核心竞争力，创建一流质量品牌，为建成具有较强创新能力和全球竞争力的世界一流跨国清洁能源企业提供保障。

1. 质量方针

（1）质量第一。坚持以“质量第一”为价值导向，以质量提升保障高质量发展，发挥企业质量示范引领作用。正确处理质量、规模、效益之间的辩证关系，突出以质取胜，坚持以高性价比为核心尺度推动优质优价，把质量作为企业的生命线，创建值得信赖的质量品牌形象，提升国内外市场竞争力和影响力。

（2）勇于担当。坚持以提供高质量的产品、工程和服务为己任，开拓进取，主动作为，干事创业，担当起与企业使命、业务要求、岗位职责相匹配的质量责任，落实全员质量责任不留死角、不打折扣，通过责任担当和责任落实保障质量提升。

（3）全面管理。坚持以保证并持续提高各业务板块的产品、工程或服务质量为出发点，通过工作质量、管理质量保障产品、工程和服务质量。遵循全企业协同、全过程控制、全员参与、多方法结合的全面质量管理理念，立足于预防控制，强化过程管控和考核评价，不断完善企业化质量管理体系，与各相关方合作共赢，有效管控各类业务质量。

（4）追求卓越。坚持以追求卓越品质为努力方向。以数据和信息的分析为基础，以质量技术创新和质量管理创新为驱动，确保质量决策科学有效、质量行为合规有序、质量结果精益求精，不断提升全员质量素养，形成优秀的质量文化，不断满足并超越顾客期望，建设优质高效、追求卓越的质量强企。

2. 质量方针管理要求

根据战略规划、内外部环境、相关方需求和期望等制定质量方针，经公司分管质量副总经理审查、总经理审核、党组审议通过后发布实施。

各子公司应根据自身业务特点、内外部环境、相关方需求和期望、公司要求制定本公司质量方针，并报公司质量安全部备案。子公司质量方针应落实公司质量方针的整体要求，并能体现对公司质量方针的支撑作用。

3. 质量管理术语和定义

（1）质量管理。在质量方面指挥和控制组织的协调活动。通常包括制定质量方针和质量目标，以及通过质量策划、质量控制、质量保证和质量改进实现质量目标的过程。

（2）质量风险。未来的不确定性对实现质量目标的影响。这种影响可以是正面的或负面的，在表述正面影响时又称质量机遇。质量风险通常通过后果和发生的可能性的组合来表述。

（3）质量有功行为。提升产品、工程或服务质量，提高质量稳定性，提高质量管理水平，避免或减小质量损失，提升公司质量品牌价值和品牌形象的行为。包括但不限于：

1）坚守诚实守信的质量文化；

2）开展质量提升与创新活动并取得实效，积极应用或推广质量管理先进方法工具，提升产品、工程或服务质量，或提升质量管理水平；

3）获得国际、国家、行业或地方质量奖项；

4）增强公司质量品牌知名度、美誉度；

5）辨识和预防质量风险，及时发现或消除质量问题，减少、消除或避免损失；

6）同违法违规行为做斗争，发现、制止、举报偷工减料、弄虚作假事件。

（4）不良质量事件。公司管理范围内的组织（包括供应商）和员工在生产经营和日常管理工作中，发生或可能导致不满足质量要求，以及因不满足质量要求造成损失或不良影响的事件。包括但不限于：

1）质量问题，即产品、工程或服务之一的过程、结果或管理不满足质量要求，包括工程质量事故、质量缺陷、物资设备质量问题、运检质量问题、电能质量问题、服务质量问题等；

2）因质量问题导致的法律制裁、行政处罚、举报投诉、媒体曝光、资质（资信）调整等造成经济损失、功能及工期损失、声誉损失、能力影响等不良影响的事件；

3）可能导致质量问题或潜存质量风险的弄虚作假、偷工减料等行为。

公司不良质量事件等级划分标准和调查处理要求按照公司《不良质量事件（事故）报告及调查处理规定》执行。

4. 质量目标

为满足公司战略需要，促进产品、工程或服务质量的持续全面提升，公司按照“统分结合，动态更新”的原则进行质量目标管理。

（1）总体质量目标。

1）通用质量目标：

不发生3级及以上不良质量事件；

不发生较大及以上工程质量事故；

不因质量隐患引发安全事故。

2）工程建设项目，单位工程一次验收合格率达到100%、分部分项工程一次验收合格率达到98%以上、单元工程或检验批一次验收合格率达到90%以上；其他实物产品，按照合同规定的验收批次进行统计，一次验收合格率达到98%以上。

（2）质量目标管理。

1）各单位、各子公司应在公司总体质量目标基础上，根据内外部环境、顾客等相关方要求和公司要求，针对业务质量特性制订总体质量目标，通过强化质量标杆对比，建立符合公司质量目标要求的具体可测量的质量指标体系。

2）各单位、各子公司应将质量目标及质量指标纳入总体生产经营目标管理，对质量目标及指标进行分解落实，并定期检查质量目标及指标的完成情况，根据内外部情况适时进行更新完善。各单位、各子公司质量目标及指标应不低于公司质量目标及指标，并应报送公司质量安全部备案。

3）对于通过供应商获取的产品、工程或服务，应将相关质量目标和管理要求延伸至供应商，确保供应商提供产品、工程或服务的结果与关键过程能够满足质量目标和相关要求。

5. 质量管理规章制度

各部门、各单位、各子公司必须遵守我国及业务所在国家和地区关于生产经营和质量管理的法律法规、标准规范，并落实公司质量管理要求。应及时获取上述规定的最新适用要求，建立健全适宜的质量标准和规章制度体系，结合自身实际制订质量管理规定并及时传递给相关人员和供应商。

（1）各单位、各子公司应建立的质量管理规章制度包括但不限于以下内容：质量管理职责；质量管理体系文件；质量方针和目标管理；质量风险管理；质量管理资源配置；业务全过程质量控制；采购和供应商管理；内外部监督检查；质量问题处理；不良质量事件（事故）报告及调查处理；质量考核与奖惩；质量提升与创新；其他要求。

（2）各单位、各子公司及下属机构的质量管理规定应承接、转化、落实有关法律法规和公司制度规定，不得与法律法规和公司制度相抵触，业务实际执行的标准不得低于规定要求的标准。各单位、各子公司每年应组织对质量管理规定进行有效性评价，结合监督检查或开展专项工作对质量法律法规和管理规定及其执行情况进行合规性评价，并将上述评价结论与改进措施纳入年度工作总结与计划。

6. 质量提升

各部门、各单位、各子公司应引导员工树立质量第一的意识，推广应用先进质量管理理念、方法和工具，积极运用新理念、新技术、新材料和新工艺开展质量创新活动。加大人力、设备物资、资金投入，保障质量创新与提升活动有效开展。

各单位、各子公司应建立健全质量创新保障体系，激发全员创新活力，通过质量科研与创新、质量技术攻关、职工技术创新、样板工程等多种方式，促进质量管理、质量技术、质量工作方法创新，及时对创新成果进行应用转化、标准固化和推广普及，提升质量创新的有效性，以质量创新驱动降本增效，提升产品、工程和服务质量，增强质量竞争优势。

各单位、各子公司应结合业务特点，紧跟时代发展，积极探索物联网、大数据、云计算、5G 技术等科技创新与质量创新的有机融合，致力推动智能建造、智能电站、智慧流域运行管理、智慧水务等重大技术开发和应用。

各部门、各单位、各子公司应以顾客为关注焦点，加强与顾客的沟通联系，及时获取顾客的需求和期望，识别研发、生产和交付过程中提升顾客满意的机会，推动质量升级。

各单位、各子公司应建立顾客要求、顾客投诉的快速响应、反馈机制，做好分析总结，固化推广优秀服务模式。对于需跨单位协同落实的顾客要求、顾客投诉，应明确牵头单位和协作单位，分工做好顾客的接洽、说明和答复。

各单位、各子公司应建立顾客满意度测评规定，充分获取和利用测评结果，促进质量稳步提升。

各部门、各单位、各子公司应树立以质量为核心的品牌理念，发挥质量引领作用，促进质量品牌建设。推广质量标杆管理，开展对标活动，将质量管理的成功经验和先进方法在公司范围内传承和传播。充分运用内外部资源，以争创精品为抓手，充分发挥技术和管理优势，开展国际对标活动，推动公司标准"走出去"，打造国际一流质量品牌，弘扬公司质量品牌效应。

各部门、各单位、各子公司充分应用先进质量管理方法，广泛开展群众性质量活动促进质量提升，不断提升员工质量素养。

（1）从事工程建设、电力生产运行、枢纽运行管理、生产性服务等业务的单位宜常态化开展 QC 小组活动，积极开展质量信得过班组建设、精益管理、5S 管理、合理化建议等活动，参与质量奖、质量技术大赛、质量创新大赛、现场管理评价等对标评比活动，获奖情况纳入公司质量奖励评选条件。

（2）各单位、各子公司应加强质量管理人才培养和储备，鼓励员工获取并保持 QC 小组活动推进者、质量管理体系国家注册审核员、质量信得过班组自评师、全面质量管理培训师、卓越绩效模式自评师、精益工程师、可靠性工程师等资质、资格，壮大质量人才队伍。

（3）公司、各单位、各子公司组织开展不同层次优秀质量成果的内外部评审、交流、推广等活动，相互借鉴，充分发掘、总结优秀的质量管理实践，促进质量管理的全面提升。

7. 质量监督检查

公司和各单位、各子公司应主动了解业务所在国家和地区的政府质量规定。项目所在地法律法规规定应进行政府质量监督、强制性检测或强制性认证的，要按规定积极对接相关机构，主动申请并认真配合监督、检测、认证工作，及时整改发现的问题，确保质量工作合规有序。

公司通过质量专家组检查、质量专项检查或专项审核等方式对各单位、各子公司质量管理工作进行监督检查和指导，对重要产品、工程或服务质量进行抽查，对重要质量风险的管控情况进行督导。接受检查的单位应积极配合，认真落实整改。公司质量监督检查不代替各单位、各子公司的质量管理与监督工作。

各单位、各子公司应根据有关规定和自身业务特点，建立并落实内部质量监督检查机制，对管理范围内的质量管理过程和结果进行检查，及时掌握质量管理现状，防控质量风险，寻找改进机会。

对于通过不良质量事件调查处理、质量问题排查与整治、日常质量工作等内外部各种渠道发现的质量问题应及时予以纠正，消除或控制问题的影响，并针对问题原因采取整改措施，避免复发。应保持问题发现、原因分析、问题整改、验证闭合全过程的记录。

各单位、各子公司应建立质量问题台账，及时、准确、完整地记录质量问题的基本情况、原因分析、整改措施和整改及验证结果。对于质量标准让步执行的，应记录相关审批、实施、结果等情况。定期对质量问题进行汇总、分析和评价，识别系统改进的机会。

公司和各子公司应通过内部审核、管理评审等方式加强对质量管理体系运行情况的监控。

（1）公司和各子公司每年应开展管理体系内部审核，确保质量管理体系符合内外部规定和管理体系标准要求。公司可对下属机构进行直接审核、文件审核，也可通过复核评审、见证评审等方式监控子公司内部审核情况，提取子公司内部审核结果支撑公司内部审核结论。子公司内部审核范围中应包括落实公司制度规定和管理体系要求的情况，做出是否符合上述规定和要求的结论，提出必要的改进措施，并将内部审核结果报送公司质量安全部备案。

（2）公司、各单位和各子公司每年至少开展一次管理评审，对质量管理体系的充分性、适宜性、有效性、与战略的一致性和运行效率进行评价。各单位、各子公司管理评审支撑公司的整体管理评审：

1）各单位应对公司质量管理体系在本单位业务中的运行情况进行评审，识别存在的问题并提出改进建议，纳入公司质量管理体系评审工作；

2）子公司质量管理体系评审时，应对本公司质量管理体系是否承接落实公司管理要求进行评审，并将本公司管理体系评审结果报送公司质量安全部备案；

3）公司质量管理体系内部审核和评审工作具体要求按照公司《质量、环境、职业健康安全管理体系监控管理办法》执行。

8. 质量监督与考核

公司对各单位、各子公司开展年度质量考核，具体要求按照公司绩效考核有关规定执行。各单位、各子公司应建立完善质量考核制度，科学制定质量考核指标并与履职评定、职务晋升、奖励惩处挂钩。

公司设立质量专项奖励基金，对质量管理取得突出成绩的单位、集体和个人给予表彰奖励。

对公司管理范围内查实造成不良质量事件的责任单位和责任人，依据国家有关法律法规，根据事件等级、事件性质、情节严重程度和责任划分进行惩处。其中，对于不良质量事件公司内部责任人的惩处按照公司《质量奖惩管理办法》执行，对于内部责任单位应按公司《二级单位年度绩效考核管理办法》进行扣分或降级，对于外部责任单位和责任人按照有关法律法规和协议约定追究责任。

9. 投诉处理

公司和所属各单位、各子公司的质量工作接受社会各界和公司全体员工的监督。针对不良质量事件及相关行为，公司内外部的单位和个人可以用口头、书面、电子邮件等各种方式向公司以及下属单位和子公司的质量主管部门提出投诉。质量主管部门应及时受理并核实投诉事项，将查实与处理情况及时向投诉者反馈，并对投诉有功者给予奖励。

第二章　新员工安全基础教育

第一节　安全生产法律体系

保障从业人员的安全与健康，需要政府、社会、经营单位、从业人员等多方力量的共同努力。通过立法的形式，将安全生产管理纳入法制轨道，是一个国家确保从业人员安全与健康的基本要件。

法律规范是社会规范的一种。法律规范是国家机关制定或认可、由国家强制力保证其实施的一般行为规则，它反映由一定的物质生活条件所决定的统治阶级的意志。技术规范是指规定人们支配和使用自然力、劳动工具、劳动对象的行为规则。在现代科学技术发展极为先进和极端复杂的情况下，没有技术规范就不可能进行生产，违反技术规范就可能造成严重后果，如导致各种生产安全事故和灾害事故。因此，国家往往把遵守技术规范规定为法律义务，从而成为法律规范，并确定违反技术规范的法律责任，技术规范则成为法律规范所规定的义务的具体内容。

本章简要介绍我国的安全生产法律的形成与发展、法律法规对安全生产的意义以及电力安全生产相关法律法规的主要内容。

一、我国安全生产法律法规的形成与发展

新中国成立以来，在党中央和国务院的关怀和领导下，我国的安全生产立法工作发展迅速，取得了很大的进步，纵观其发展历程，大致可分为

六个阶段：

1. 初建时期（1949—1957 年）

建国初期，为改变旧中国工人生命健康没有保障的状况，在中国人民政治协商会上通过的《共同纲领》中明确规定“保护青工女工的特殊利益”“实行工矿检查制度，以改进工矿的安全和卫生设备”。

1954 年第一部《宪法》对改善劳动条件和建立工时休假制度有了明确的规定。据不完全统计，在国民经济恢复时期，由中央产业部门和地方人民政府制定和颁布的各种安全生产法规就有 119 种。

1956 年 5 月，国务院正式颁布了《工人安全卫生规程》《建筑安装工程安全技术规程》和《工人职员伤亡事故报告规程》，后被称为“三大规程”。建国初期所发布的有关法律规定，对我国的安全生产和保证从业者的安全与健康起到了重要作用。

2. 调整时期（1958—1965 年）

1958 年下半年由于忽略科学规律，冒险蛮干，只讲生产，不讲安全，大量削减了安全设施，因此导致新中国成立以来人身伤亡事故的第一高峰。

1961 年实行“调整”方针，安全生产立法转入正轨。这一时期我国先后发布了《工业企业设计卫生标准》《关于加强企业生产种安全工作的几项规定》《国营企业职工个人防护用品发放标准》等一系列安全生产法规、规章和标准，使安全生产立法工作得到了进一步的加强。安全生产检查从一般性检查发展为专业性和季节性的检查，推动了安全生产工作向经常化和制度化前进，机械防护、防尘防毒、锅炉安全、防暑降温、女工保护等立法工作显著发展。

3. 恢复发展时期（1978—1990 年）

1978 年 12 月召开的中国共产党第十一届三中全会，确立了改革开放的方针，安全生产立法开始了新的历史发展时期。党中央、国务院对安全生产工作非常重视，先后发出了中央〔1978〕76 号文件和国务院〔1979〕100 号文件，即《中共中央关于认真做好劳动保护工作的通知》和《国务院批准国家劳动总局、卫生部关于加强厂矿企业防尘防毒工作的报告》要求各地区、各部门、各厂矿企业必须加强劳动保护工作，保护职工的安全和健康。

1979 年 4 月，国务院重申认真贯彻《工厂安全卫生规程》《建筑安装工程技术规程》《工人职员伤亡事故报告规程》和《国务院关于加强企业生产中安全工作的几项规定》。

1979 年，全国五届人大二次会议颁布了《中华人民共和国刑法》。

1982 年 2 月，国务院颁布了《矿山安全条例》《矿山安全监察条例》和《锅炉压力容器安全监察条例》等行政法规，要求加强矿山及锅炉、压力容器的安全生产工作。

1984 年 7 月，国务院发布了《关于加强防尘防毒工作的决定》，进一步强调了生产性建设项目“三同时”的规定；对企业、事业单位治理尘毒危害和改善劳动条件的经费开支渠道，对于严禁企业、事业部门或主管部门转嫁尘毒危害问题，以及关于加强防尘防毒的监督检查和领导等问题，都做了明确规定。

1987 年 1 月，卫生部、劳动人事部、财政部、全国总工会联合发布了《职业病范围和职业病患者处理办法的规定》，规范了对职业病的管理，并将 99 种职业病列为法定职业病。这一时期，地方立法也有较大发展。全国 28 个省、自治区、直辖市人大或人民政府颁布了地方性劳动保护法规或规章。

4. 逐步完善时期（1991 年以后）

进入“八五”时期，随着改革的不断深入和社会主义市场经济体制的建立与完善，我国安全生产法治建设也加快了进程。

1991 年 3 月，国务院发布了《企业职工伤亡事故报告和处理规定》（第 75 号令），严格规范了对各类事故的报告、调查和处理程序。

1994 年 7 月 5 日第八届人大常务会议通过了《中华人民共和国劳动法》，它的颁布和实施，标志着我国劳动保护法治建设进入了一个新的发展时期。《中华人民共和国劳动法》以保护劳动者合法权益为立法宗旨，不仅规定了劳动者享有的权利，同时规定了用人单位的义务和对劳动者保护的相应措施，为保护劳动者的安全健康的合法权益提供了有力的法律保障。

1997 年 3 月 14 日，第八届全国人民代表大会第五次会议修订的《中华人民共和国刑法》（新刑法），对安全生产方面的犯罪作了更为明确具体的规定。

5. 我国安全生产法制、体制建设取得的进展

（1）安全生产法律体系初步形成。目前已有一部主体法即《中华人民共和国安全生产法》。《中华人民共和国劳动法》《中华人民共和国煤炭法》《中华人民共和国矿山安全法》《中华人民共和国职业病防治法》《中华人民共和国海上交通安全法》《中华人民共和国道路交通安全法》《中华人民共和国消防法》《中华人民共和国铁路法》《中华人民共和国电力法》《中华人民共和国建筑法》等十余部专门法律中，都有安全生产方面的规定。还有《国务院关于特大安全事故行政责任追究的规定》《安全生产许可证条例》《煤矿安全监察条例》《关于预防煤矿生产安全事故的特别规定》《危险化学品安全管理条例》《道路交通安全法实施条例》和《建设工程安全生产管理条例》等50多部行政法规，以及上百个部门规章。此外，各省（区、市）都制定出台了一批地方性法规和规章。安全生产各个方面大致上都可以做到有法可依。

（2）安全监管体制初步形成。目前国家层面上的安全管理职责格局是：国家应急管理部对全国安全生产实施综合监管，并负责煤矿安全监察和非煤矿山、危险化学品、烟花爆竹等无主管部门的行业领域的安全监管工作；国家市场监督管理总局负责锅炉压力容器等特种设备的安全监督检查；国家卫健委负责职业病诊治工作；劳动和社会保障部负责工伤保险管理，同时保留了儿童、妇女的劳动保护工作职能；国家国防科技工业局、公安部、农业农村部、住房和城乡建设部、交通运输部、国家铁路部、中国民航总局、国资委、国家能源局等分别负责本系统、本领域的安全工作。目前各省（区、市）以及市（州、盟）、92%的县（市、旗）建立了应急管理机构，负责安全监察管理工作，全国共有监管人员约 3.5 万人，初步形成了综合监管与行业监管互动的管理体制和“政府统一领导，部门依法监督，企业全面负责，群众监督参与，社会广泛支持”的安全生产工作格局。

（3）安全生产应急体系开始建立。国务院发布了《国家突发公共事件总体应急预案》和包括《国家生产安全事故灾难应急预案》在内的25个专项预案，以及 81 个部门预案，其中安全生产占31%。各省（区、市）都制定发布了安全生产应急预案，高危行业和规模以上企业应急预案基本编制完成。矿山、消防、道路交通、水上、铁路等应急救援力量已初具规模。

以国家、省、市三级安全生产应急指挥中心和国家、区域和骨干应急救援队伍为核心的安全生产应急体系框架形成。

我国安全生产法的历史演变和发展记录了我国安全法规从无到有，从有到全的起伏过程。在某种意义上折射出国家及政府对安全的日渐重视以及我国安全事业的迅速发展。

二、法律法规对安全生产的意义

在我国现代化建设过程中，安全生产法规以法律形式，协调人与人之间、人与自然之间的关系，维护生产的正常秩序，为从业人员提供安全、健康的劳动条件和工作环境，为生产经营者提供可行、安全可靠的生产技术和条件，从而产生间接生产力作用，促进国家现代化建设的顺利进行。

（1）为保护从业人员的安全健康提供法律保障。我国安全生产法规是以搞好安全生产、工业卫生、保障员工在生产中的安全、健康为目的。它从管理上规定了人们的安全行为规范，也从生产技术上、设备上规定实现安全生产和保障员工安全健康所需的物质条件。多年来安全生产工作实践表明，切实维护从业人员安全健康的合法权益，也是按照科学办事，尊重自然规律、经济规律和生产规律，尊重群众，保证从业人员得到符合安全卫生要求的劳动条件。

（2）加强安全生产的法治化管理。安全生产法规是加强安全生产法治化管理的章程，很多重要的安全生产法规都明确规定了各个方面加强安全生产、安全生产管理的责任和义务，推动了各级领导特别是企业领导对劳动保护工作的重视，把安全工作摆上领导和管理的议事日程。

（3）指导和推动安全生产工作，促进企业安全生产。安全生产法规反映了保护生产正常进行、保护从业人员安全健康所必须遵循的客观规律，对企业搞好安全生产工作提出了明确要求。同时，由于它是一种法律规范，具有法律约束力，要求人人都要遵守，这样，它对整个安全生产工作的开展具有用国家强制力推行的作用。

（4）推进生产力的提高，保证企业效益的实现和国家经济建设事业的顺利发展。安全生产是企业长久发展的基础，关系到他们切身利益的大事，通过安全生产立法，使从业人员的安全健康有了保障，他们能够在符合安全健康要求的条件下从事劳动生产，这样必然会激发他们的劳动积极性和创造性，从而促使劳动生产率的大大提高。同时，安全生产技术法规和标准的遵守和执行，必然提高生产过程的安全性，使生产的效率得到保障和提高，从而提高企业的生产效率和效益。

安全生产法律、法规对生产的安全卫生条件提出与现代化建设相适应的强制性要求，这就迫使企业领导在生产经营决策上，以及在技术上、装备上采取相应措施，以改善劳动条件、加强安全生产为出发点，加速技术改造的步伐，推动社会生产力的提高。

三、安全生产法律法规体系简介

1. 安全生产法律法规的概念

安全生产法律法规是指调整在生产过程中产生的同劳动者或生产人员的安全与健康，以及生产资料和社会财富安全保障有关的各种社会关系的法律法规的总和。

安全生产法律法规是国家法律体系中的重要组成部分。通常所说安全生产法律法规是对有关安全生产的法律、规程、条例、规范的总称。例如全国人大和国务院及有关部委、地方政府颁发的有关安全生产、职业安全卫生、劳动保护等方面的法律、规程、决定、条例、规定、规则及标准等，都属于安全生产法律法规范畴。

安全生产法律法规有三个方面的特点：

（1）保护的对象是劳动者、生产经营人员、生产资料和国家财富；

（2）安全生产法律法规具有强制性的特征；

（3）安全生产法律法规涉及自然科学和社会科学领域，因此具有政策性特点又有科学技术性特点。

安全生产法律法规有广义和狭义两种解释，广义的安全生产法规是指我国保护劳动者、生产者和保障生产资料及财产的全部法律规范。因为，这些法律规范都是为了保护国家、社会利益和劳动者、生产者的利益而制定的。例如关于安全生产技术、安全工程、工业卫生工程、生产合同、工伤保险、职业技术培训、工会组织和民主管理等方面的法规。狭义的安全生产法规是指国家为了改善劳动条件，保护劳动者在生产过程中的安全和健康，以及保障生产安全所采取的各种措施的法律规范。如职业安全卫生规程：对女工和未成年工劳动保护的特别规定：关于工作时间、休息时间和休假制度的规定，关于劳动保护的组织和管理制度的规定等。

安全生产法律法规的表现形式是国家制定的关于安全生产的各种规范性文件，它可以表现为享有国家立法权的机关制定的法律，也可以表现为国务院及其所属的部、委员会发布的行政法规、决定、命令、指示、规章以及地方性法规等，还可以表现为各种安全卫生技术规程、规范和标准。

安全生产法律法规是党和国家的安全生产方针政策的集中表现，是上升为国家和政府意志的一种行为准则。它以法律的形式规定人们在生产过程中的行为规则，规定什么是合法的，可以去做，什么是非法的，禁止去做；在什么情况下必须怎样做，不应该怎样做等等，用国家强制力来维护企业安全生产的正常秩序。因此，有了各种安全生产法规，就可以使安全生产工作做到有法可依、有章可循。谁违反了这些法规，无论是单位或个人，都要负法律上的责任。

2. 安全生产法律法规的特征

安全生产法律法规是国家法规体系的一部分，因此它具有法的一般特征。

我国安全生产法律制度的建立与完善，与党的安全生产政策有密切的关系。这种关系就是政策是法规的依据，法规政策的定型化、条文化。在过去很长一段时期，我国的法制很不完备，没有安全生产法规的场合，只能依照党的安全生产政策做好安全生产工作。这时，党的安全生产政策实际上已经起了法规的作用，已赋予了它一种新的属性，这种属性是国家所赋予的而不是政策本身就具有的。

随着我国法治建设的发展，有关安全生产方面的法律、法规已逐步完善。用法制的手段来维护企业的安全生产秩序，保证国家安全生产的目的，已成为现实和发挥重要的作用。

我国安全生产法律法规具有以下三个特征：

（1）法律法规的调整对象和阶级意志具有统一性。加强安全生产监督管理，保障人民生命财产安全，预防和减少生产安全事故，促进经济发展，是党和国家各级人民政府的根本宗旨。国家所有的安全生产立法，都体现了党的领导下的最广大人民群众的最根本利益，都要围绕着“执政为民”这一根本宗旨，围绕着“基本人权的保护”这个基本点而制定。安全生产的法律、法规是为巩固社会主义经济基础和上层建筑服务的，它是工人阶级乃至国家意志的反映，是由人民民主专政的政权性质所决定的。生产经营活动中所发生的各种社会关系，需要通过一系列的法律法规加以调整。不论安全生产法律法规有何种内容和形式，它们所调整的安全生产领域的社会关系都要统一服从和服务于中国特色社会主义的生产关系、阶级关系，紧紧围绕“执政为民”和“基本人权保护”而进行。

（2）法律法规的内容和形式具有多样性。安全生产贯穿于生产经营活动的各个行业和领域，社会关系非常复杂。这就需要针对不同生产经营单位的不同特点，针对各种突出的安全生产问题，制定各种内容不同、形式不同的安全生产法律法规，调整各级人民政府、各类生产经营单位、公民之间在安全生产领域中产生的社会关系。这个特点就决定了安全生产立法的内容和形式是各不相同的，它们所反映和解决的问题也是不同的。

（3）法律法规的相互关系具有系统性。安全生产法律法规体系是由母系统与若干个子系统共同组成的。从具体法律法规上看，它是单个的；从法律法规体系上看，各个法律法规又是母系统不可分割的组成部分。安全生产法律法规的层级、内容和形式虽然有所不同，但是它们之间存在着相互依存、相互联系、相互衔接、相互协调的辩证统一关系。

3. 安全生产法律体系的基本框架

法的不同层级上，可以分为上位法与下位法。法的层级不同，其法律地位和效力也不同。上位法是指法律地位、法律效力高于其他相关法的立法。下位法相对于上位法而言，是指法律地位、法律效力低于相关上位法的立法。不同的安全生产立法对同一类或者同一个安全生产行为做出不同的法律规定的，以上位法的规定为准，适用上位法的规定。上位法没有规定的，可以适用下位法。下位法的数量一般要多于上位法。

（1）法律。法律是安全生产法律体系中的上位法，居于整个体系的最高层级，其法律地位和效力高于行政法规、地方性法规、部门规章、地方政府规章等下位法。国家现行的有关安全生产的专门法律有《中华人民共和国安全生产法》《中华人民共和国消防法》《中华人民共和国道路交通安全法》《中华人民共和国海上交通安全法》《中华人民共和国矿山安全法》；与安全生产相关的法律主要有《中华人民共和国劳动法》《中华人民共和国工会法》《中华人民共和国公路法》《中华人民共和国建筑法》《中华人民共和国煤炭法》《中华人民共和国电力法》等。

（2）法规。安全生产法规分为行政法规和地方性法规。

1）行政法规。安全生产行政法规的法律地位和法律效力低于有关安全生产的法律，高于地方性安全生产法规、地方政府安全生产规章等下位法。

2）地方性法规。地方性安全生产法规的法律地位和法律效力低于有关安全生产的法律、行政法规，高于地方政府安全生产规章。经济特区安全生产法规和民族自治地方安全生产法规的法律地位和法律效力与地方性安全生产法规相同。

（3）规章。安全生产行政规章分为部门规章和地方政府规章。

1）部门规章。国务院有关部门依照安全生产法律、行政法规的授权制定发布的安全生产规章的法律地位和法律效力低于法律、行政法规，高于地方政府规章。

2）地方政府规章。地方政府安全生产规章是最低层级的安全生产立法，其法律地位和法律效力低于其他上位法，不得与上位法相抵触。

（4）法定安全生产标准。我国没有技术法规的正式用语且未将其纳入法律体系的范畴，但是国家制定的许多安全生产立法却将安全生产标准作为生产经营单位必须执行的技术规范而载入法律，安全生产标准法律化是我国安全生产立法的重要趋势。安全生产标准一旦成为法律规定必须执行的技术规范，它就具有了法律上的地位和效力。执行安全生产标准是生产经营单位的法定义务，违反法定安全生产标准的要求，同样要承担法律责任。因此，将法定安全生产标准纳入安全生产法律体系范畴来认识，有助于构建完善的安全生产法律体系。法定安全生产标准分为国家标准和行业标准，两者对生产经营单位的安全生产具有同样的约束力。法定安全生产标准主要是指强制性安全生产标准。

1）国家标准。安全生产国家标准是指国家标准化行政主管部门依照《中华人民共和国标准化法》制定的在全国范围内适用的安全生产技术规范。

2）行业标准。安全生产行业标准是指国务院有关部门和直属机构依照《中华人民共和国标准化法》制定的在安全生产领域内适用的安全生产技术规范。行业安全生产标准对同一安全生产事项的技术要求，可以高于国家安全生产标准但不得与其相抵触。

四、部分安全生产法律法规简介

1. 安全生产法

《中华人民共和国安全生产法》（简称《安全生产法》）是为了加强安全生产工作，防止和减少生产安全事故，保障人民群众生命和财产安全，促进经济社会持续健康发展，而制定的法律。

修订过程是：2002 年 6 月 29 日第九届全国人民代表大会常务委员会第二十八次会议通过，根据 2009 年 8 月 27 日第十一届全国人民代表大会常务委员会第十次会议《关于修改部分法律的决定》第一次修正，根据 2014 年 8 月 31 日第十二届全国人民代表大会常务委员会第十次会议《关于修改〈中华人民共和国安全生产法〉的决定》第二次修正，根据 2021 年 6 月 10 日第十三届全国人民代表大会常务委员会第二十九次会议《关于修改〈中华人民共和国安全生产法〉的决定》第三次修正，将自 2021 年 9 月 1 日起施行。

《安全生产法》共 7 章 97 条，具有丰富的内涵。其核心内容简略归纳如下：

（1）三大目标。《安全生产法》的第一条，开宗明义地确立了通过加强安全生产监督管理措施，防止和减少生产安全事故，需要实现如下基本的三大目标：保障人民生命安全，保护国家财产安全，促进社会经济发展。由此确立了安全（生产）所具有的保护生命安全的意义、保障财产安全的价值和促进经济发展的生产力功能。

（2）五方运行机制（五方结构）。《安全生产法》的总则中，规定了保障安全生产的国家总体运行机制，包括如下五个方面：政府监管与指导（通过立法、执法、监管等手段）；企业实施与保障（落实预防、应急救援和事后处理等措施）；员工权益与自律（8 项权益和 3 项义务）；社会监督与参与（公民、工会、舆论和社区监督）；中介支持与服务（通过技术支持和咨询服务等方式）。

（3）两结合监管体制。《安全生产法》明确了我国现阶段实行的国家安全生产监管体制。这种体制是国家安全生产综合监管与各级政府有关职能部门（公安消防、公安交通、煤矿监督、建筑、交通运输、质量技术监督、工商行政管理）专项监管相结合的体制。其有关部门合理分工、相互协调，相应地表明了我国安全生产法的执法主体是国家安全生产综合管理部门和相应的专门监管部门。

（4）七项基本法律制度。《安全生产法》确定了我国安全生产的基本法律制度。分别为：安全生产监督管理制度；生产经营单位安全保障制度；从业人员安全生产权利义务制度；生产经营单位负责人安全责任制度；安全中介服务制度；安全生产责任追究制度；事故应急救援和处理制度。

（5）四个责任对象。《安全生产法》明确了对我国安全生产具有责任的各方，包括以下四个方面：政府责任方，即各级政府和对安全生产负有监管职责的有关部门；生产经营单位责任方；从业人员责任方；中介机构责任方。

（6）三套对策体系。《安全生产法》指明了实现我国安全生产的三大对策体系。① 事前预防对策体系，即要求生产经营单位建立安全生产责任制、坚持“三同时”、保证安全机构及专业人员落实安全投入、进行安全培训、实行危险源管理、进行项目安全评价、推行安全设备管理、落实现场安全管理、严格交叉作业管理、实施高危作业安全管理、保证承包租赁安全管理、落实工伤保险等，同时加强政府监管、发动社会监督、推行中介技术支持等都是预防策略。② 事中应急救援体系，要求政府建立行政区域的重大安全事故救援体系，制定社区事故应急救援预案；要求生产经营单位进行危险源的预控，制定事故应急救援预案等。③ 建立事后处理对策系统，包括推行严密的事故处理及严格的事故报告制度，实施事故后的行政责任追究制度，强化事故经济处罚，明确事故刑事责任追究等。

（7）生产经营单位主要负责人的六项责任。《安全生产法》特别对生产经营单位负责人的安全生产责任做了专门的确定。确定如下：建立健全安全生产责任制；组织制定安全生产规章制度和操作规程；保证安全生产投入；督促检查安全生产工作，及时消除生产安全事故隐患；组织制定并实施生产安全事故应急救援预案；及时报告并如实反映生产安全事故。

（8）从业人员八大权利。《安全生产法》明确的从业人员的八项权利是：① 知情权，即有权了解其作业场所和工作岗位存在的危险因素、防范措施和事故应急措施；② 建议权，即有权对本单位的安全生产工作提出建议；③ 批评权、检举权、控告权，即有权对本单位安全生产管理工作中存在的问题提出批评、检举、控告；④ 拒绝权，即有权拒绝违章作业指挥和强令冒险作业；⑤ 紧急避险权，即发现直接危及人身安全的紧急情况时，有权停止作业或者在采取可能的应急措施后撤离作业场所；⑥ 依法向本单位提出要求赔偿的权利；⑦ 获得符合国家标准或者行业标准劳动防护用品的权利；⑧ 获得安全生产教育和培训的权利。

（9）从业人员的三项义务。《安全生产法》明确了从业人员的三项义务：① 自律遵规的义务，即从业人员在作业过程中，应当遵守本单位的安全生产规章制度和操作规程，服从管理，正确佩戴和使用劳动防护用品；② 自觉学习安全生产知识的义务，要求掌握本职工作所需的安全生产知识，提高安全生产技能，增强事故预防和应急处理能力；③ 危险报告义务，即发现事故隐患或者其他不安全因素时，应当立即向现场安全生产管理人员或者本单位负责人报告。

（10）四种监督方式。《安全生产法》以法定的方式，明确规定了我国安全生产的多种监督方式。① 工会民主监督，即工会有权对建设项目的安全设施与主体工程同时设计、同时施工、同时投入生产和使用进行监督，提出意见；② 社会舆论监督，即新闻、出版、广播、电影、电视等单位有对违反安全生产法律、法规的行为进行舆论监督的权利；③ 公众举报监督，即任何单位存在事故隐患或者个人做出违反安全生产法规的行为时，均有权向负有安全生产监督管理职责的部门报告或者举报；④ 社区报告监督，即居民委员会、村民委员会发现其所在区域内的生产经营单位存在事故隐患或者安全生产违法行为时，有权向当地人民政府或者有关部门报告。

（11）88 种违法行为。《安全生产法》明确了政府、生产经营单位、从业人员和中介机构可能产生的 88 种违法行为。其中生产经营单位及负责人 30 种，政府监督部门及人员 5 种，中介机构 1 种，从业人员可能存在的违法行为有 2 种。

（12）13 种处罚方式。《安全生产法》明确了相应违法行为的处罚方式：

对政府监督管理人员有降级、撤职的行政处罚；对政府监督管理部门有责令改正、责令退还违法收取的费用的处罚；对中介机构有罚款、第三方损失连带赔偿、撤销机构资格的处罚；对生产经营单位有责令限期改正、停产停业整顿、经济罚款、责令停止建设、关闭企业、吊销其有关证照、连带赔偿等处罚；对生产经营单位负责人有行政处分、个人经济罚款、限期不得担任生产经营单位的主要负责人、降职、撤职、处十五日以下拘留等处罚；对从业人员有批评教育、依照有关规章制度给予处分的处罚。无论任何人，造成严重后果，构成犯罪的，依照刑法有关规定追究刑事责任。

2. 网络安全法

《中华人民共和国网络安全法》（简称《网络安全法》）是为保障网络安全，维护网络空间主权和国家安全、社会公共利益，保护公民、法人和其他组织的合法权益，促进经济社会信息化健康发展而制定的法律。

《网络安全法》由中华人民共和国第十二届全国人民代表大会常务委员会第二十四次会议于2016年11月7日通过，自2017年6月1日起施行。

《网络安全法》共7章79条，主要包括七大方面：

（1）维护网络主权与合法权益。该法第一条即明确规定“维护网络空间主权和国家安全、社会公共利益，保护公民、法人和其他组织的合法权益，促进经济社会信息化健康发展。”

（2）支持与促进网络安全。专门拿出一章的内容，要求建立和完善国家网络安全体系，支持各地各相关部门加大网络安全投入、研发和应用，支持创新网络安全管理方式，提升保护水平。

（3）强调网络运行安全。利用两节共十九条的篇幅做了详细规定，突出“国家实行网络安全等级保护制度”和“关键信息基础设施的运行安全”。

（4）保障网络信息安全。以法律形式明确“网络实名制”，要求网络运营者收集使用个人信息，应当遵循合法、正当、必要的原则，“不得出售个人信息”。

（5）监测预警与应急处置。要求建立健全网络安全监测预警和信息通报制度，建立网络应急工作机制，制定应急预案，重大突发事件可采取“网络通信管制”。

（6）完善监督管理体制。实行“1+X”监管体制，打破“九龙治水”

困境。该法第八条规定国家网信部门负责统筹协调网络安全工作和相关监督管理工作。国务院电信主管部门、公安部门和其他有关机关在各自职责范围内负责网络安全保护和监督管理。

（7）明确相关利益者法律责任。该法第六章对网络运营者、网络产品或者服务提供者、关键信息基础设置运营者，以及网信、公安等众多责任主体的处罚惩治标准，做了详细规定。

总体来说，该法呈现出六大亮点明确禁止出售个人信息行为；严厉打击网络诈骗；从法律层面明确网络实名制；把对重点保护关键信息基础设施的保护摆在重要位置；惩治攻击破坏我国关键信息基础设施行为；明确发生重大突发事件时可采取“网络通信管制”。

《网络安全法》从2013年下半年提上日程，到2016年年底颁布，论证、起草、出台，速度非常快，充分说明了出台这部法律的重要性和紧迫性，意义重大，影响深远。

（1）有助于维护国家安全。“没有网络安全就没有国家安全”，网络空间已成为第五大主权领域空间，互联网已经成为意识形态斗争的最前沿、主战场、主阵地，能否顶得住、打得赢，直接关系国家意识形态安全和政权安全。作为经济社会运行神经中枢的金融、能源、电力、通信、交通等领域的关键信息基础设施，一旦遭受攻击，就可能导致交通中断、金融紊乱、电力瘫痪等问题，破坏性极大。该法的主旨，就是要维护保障网络空间主权和国家安全。

（2）有助于保障网络安全。现在我国已经成为名副其实的网络大国，但并不是网络强国。我国的网络安全工作起点低、起步晚，相关举措滞后，安全形势堪忧。一方面，域外势力加紧实施网络遏制，利用网络进行意识形态渗透；另一方面，我国重要信息系统、工业控制系统的安全风险日益突出，相关重要信息几乎“透明”，存在重大的潜在威胁。该法的出台，对于维护网络运行安全、保障网络信息安全具有基础性全局性的意义。

（3）有助于维护经济社会健康发展。当前，网络信息与人们的生产生活紧密相连，在推进技术创新、经济发展、文化繁荣、社会进步的同时，也带来比较严重的网络信息安全问题。经济生产、社会生活中的大量数据，大部分通过互联网传播，网络侵权、网络暴力、网络传播淫秽色情信息，网上非法获取、泄露、倒卖个人信息等时常发生，严重危害经济发展、社会稳定，损害人们切身利益。《网络安全法》在保护社会公共利益，保护公民合法权益，促进经济社会信息化健康发展方面扮演重要角色。

3. 电力法

《中华人民共和国电力法》（简称《电力法》）为了保障和促进电力事业的发展，维护电力投资者、经营者和使用者的合法权益，保障电力安全运行制定的法律。

修订过程是：中华人民共和国第八届全国人民代表大会常务委员会第十七次会议于 1995 年 12 月 28 日通过，自 1996 年 4 月 1 日起施行。2018 年 12 月 29 日第十三届全国人民代表大会常务委员会第七次会议通过第十三届全国人民代表大会常务委员会第七次会议决定：对《中华人民共和国电力法》作出修改。

《电力法》共 10 章 75 条，对电力建设、电力生产与电网管理、电力供应与使用、电价与电费、电力设施保护、监督检查及法律责任作出了相关规定。

（1）总则。为了保障和促进电力事业的发展，维护电力投资者、经营者和使用者的合法权益，保障电力安全运行，制定《电力法》，适用于中华人民共和国境内的电力建设、生产、供应和使用活动。

电力是国民经济的先行官。电力事业应当适应国民经济和社会发展的需要，考虑适当超前发展。国家鼓励、引导国内外的经济组织和个人依法投资开发电源，兴办电力生产企业。电力事业投资，实行谁投资、谁收益的原则。

电力设施受国家保护。禁止任何单位和个人危害电力设施安全或者非法侵占、使用电能。

电力建设、生产、供应和使用应当依法保护环境，采用新技术，减少有害物质排放，防治污染和其他公害。国家鼓励和支持利用可再生能源和清洁能源发电。

国务院电力管理部门负责全国电力事业的监督管理。国务院有关部门在各自的职责范围内负责电力事业的监督管理。县级以上地方人民政府经济综合主管部门是本行政区域内的电力管理部门，负责电力事业的监督管

理。县级以上地方人民政府有关部门在各自的职责范围内负责电力事业的监督管理。

电力建设企业、电力生产企业、电网经营企业依法实行自主经营、自负盈亏，并接受电力管理部门的监督。

国家帮助和扶持少数民族地区、边远地区和贫困地区发展电力事业。

国家鼓励在电力建设、生产、供应和使用过程中，采用先进的科学技术和管理方法，对在研究、开发、采用先进的科学技术和管理方法等方面作出显著成绩的单位和个人给予奖励。

（2）电力建设。电力发展规划应当根据国民经济和社会发展的需要制定，并纳入国民经济和社会发展计划。

电力发展规划，应当体现合理利用能源、电源与电网配套发展、提高经济效益和有利于环境保护的原则。

城市电网的建设与改造规划，应当纳入城市总体规划。城市人民政府应当按照规划，安排变电设施用地、输电线路走廊和电缆通道。任何单位和个人不得非法占用变电设施用地、输电线路走廊和电缆通道。

国家通过制定有关政策，支持、促进电力建设。地方人民政府应当根据电力发展规划，因地制宜，采取多种措施开发电源，发展电力建设。

电力投资者对其投资形成的电力，享有法定权益。并网运行的，电力投资者有优先使用权；未并网的自备电厂，电力投资者自行支配使用。电力建设项目应当符合电力发展规划，符合国家电力产业政策。电力建设项目不得使用国家明令淘汰的电力设备和技术。

输变电工程、调度通信自动化工程等电网配套工程和环境保护工程，应当与发电工程项目同时设计、同时建设、同时验收、同时投入使用。

电力建设项目使用土地，应当依照有关法律、行政法规的规定办理；依法征收土地的，应当依法支付土地补偿费和安置补偿费，做好迁移居民的安置工作。

电力建设应当贯彻切实保护耕地、节约利用土地的原则。地方人民政府对电力事业依法使用土地和迁移居民，应当予以支持和协助。

地方人民政府应当支持电力企业为发电工程建设勘探水源和依法取水、用水。电力企业应当节约用水。

（3）电力生产与电网管理。电力生产与电网运行应当遵循安全、优质、经济的原则。电网运行应当连续、稳定，保证供电可靠性。

电力企业应当加强安全生产管理，坚持安全第一、预防为主、综合治理的方针，建立、健全安全生产责任制度。电力企业应当对电力设施定期进行检修和维护，保证其正常运行。

发电燃料供应企业、运输企业和电力生产企业应当依照国务院有关规定或者合同约定供应、运输和接卸燃料。

电网运行实行统一调度、分级管理。任何单位和个人不得非法干预电网调度。

国家提倡电力生产企业与电网、电网与电网并网运行，并网运行必须符合国家标准或者电力行业标准。并网双方应当按照统一调度、分级管理和平等互利、协商一致的原则，签订并网协议，确定双方的权利和义务；并网双方达不成协议的，由省级以上电力管理部门协调决定。

（4）电力供应与使用。国家对电力供应和使用，实行安全用电、节约用电、计划用电的管理原则。供电企业在批准的供电营业区内向用户供电。供电营业区的划分，应当考虑电网的结构和供电合理性等因素。一个供电营业区内只设立一个供电营业机构。

供电营业区的设立、变更，由供电企业提出申请，电力管理部门依据职责和管理权限，会同同级有关部门审查批准后，发给《电力业务许可证》。供电营业区设立、变更的具体办法，由国务院电力管理部门制定。

供电营业区内的供电营业机构，对本营业区内的用户有按照国家规定供电的义务；不得违反国家规定对其营业区内申请用电的单位和个人拒绝供电。

申请新装用电、临时用电、增加用电容量、变更用电和终止用电，应当依照规定的程序办理手续。

供电企业应当在其营业场所公告用电的程序、制度和收费标准，并提供用户须知资料。

电力供应与使用双方应当根据平等自愿、协商一致的原则，按照国务院制定的电力供应与使用办法签订供用电合同，确定双方的权利和义务。

供电企业应当保证供给用户的供电质量符合国家标准。对公用供电设施引起的供电质量问题，应当及时处理。

用户对供电质量有特殊要求的，供电企业应当根据其必要性和电网的可能，提供相应的电力。

供电企业在发电、供电系统正常的情况下，应当连续向用户供电，不得中断。因供电设施检修、依法限电或者用户违法用电等原因，需要中断供电时，供电企业应当按照国家有关规定事先通知用户。

用户对供电企业中断供电有异议的，可以向电力管理部门投诉；受理投诉的电力管理部门应当依法处理。

因抢险救灾需要紧急供电时，供电企业必须尽速安排供电，所需供电工程费用和应付电费依照国家有关规定执行。

用户应当安装用电计量装置。用户使用的电力电量，以计量检定机构依法认可的用电计量装置的记录为准。

用户受电装置的设计、施工安装和运行管理，应当符合国家标准或者电力行业标准。

用户用电不得危害供电、用电安全和扰乱供电、用电秩序。对危害供电、用电安全和扰乱供电、用电秩序的，供电企业有权制止。

供电企业应当按照国家核准的电价和用电计量装置的记录，向用户计收电费。供电企业查电人员和抄表收费人员进入用户，进行用电安全检查或者抄表收费时，应当出示有关证件。

用户应当按照国家核准的电价和用电计量装置的记录，按时交纳电费；对供电企业查电人员和抄表收费人员依法履行职责，应当提供方便。

供电企业和用户应当遵守国家有关规定，采取有效措施，做好安全用电、节约用电和计划用电工作。

（5）电价与电费。《电力法》所称电价，是指电力生产企业的上网电价、电网间的互供电价、电网销售电价。电价实行统一政策，统一定价原则，分级管理。

制定电价，应当合理补偿成本，合理确定收益，依法计入税金，坚持公平负担，促进电力建设。

上网电价实行同网同质同价。电力生产企业有特殊情况需另行制定上网电价的，具体办法由国务院规定。

跨省、自治区、直辖市电网和省级电网内的上网电价，由电力生产企业和电网经营企业协商提出方案，报国务院物价行政主管部门核准。

独立电网内的上网电价，由电力生产企业和电网经营企业协商提出方案，报有管理权的物价行政主管部门核准。

地方投资的电力生产企业所生产的电力，属于在省内各地区形成独立电网的或者自发自用的，其电价可以由省、自治区、直辖市人民政府管理。

跨省、自治区、直辖市电网和独立电网之间、省级电网和独立电网之间的互供电价，由双方协商提出方案，报国务院物价行政主管部门或者其授权的部门核准。

独立电网与独立电网之间的互供电价，由双方协商提出方案，报有管理权的物价行政主管部门核准。

跨省、自治区、直辖市电网和省级电网的销售电价，由电网经营企业提出方案，报国务院物价行政主管部门或者其授权的部门核准。

独立电网的销售电价，由电网经营企业提出方案，报有管理权的物价行政主管部门核准。

国家实行分类电价和分时电价。分类标准和分时办法由国务院确定。对同一电网内的同一电压等级、同一用电类别的用户，执行相同的电价标准。

用户用电增容收费标准，由国务院物价行政主管部门会同国务院电力管理部门制定。

任何单位不得超越电价管理权限制定电价。供电企业不得擅自变更电价。

禁止任何单位和个人在电费中加收其他费用；但是，法律、行政法规另有规定的，按照规定执行。地方集资办电在电费中加收费用的，由省、自治区、直辖市人民政府依照国务院有关规定制定办法。禁止供电企业在收取电费时，代收其他费用。

（6）电力设施保护。任何单位和个人不得危害发电设施、变电设施和电力线路设施及其有关辅助设施。在电力设施周围进行爆破及其他可能危及电力设施安全的作业，应当按照国务院有关电力设施保护规定，经批准并采取确保电力设施安全措施后，方可进行作业。

电力管理部门应当按照国务院有关电力设施保护的规定，对电力设施保护区设立标志。任何单位和个人不得在依法划定的电力设施保护区内修建可能危及电力设施安全的建筑物、构筑物，不得种植可能危及电力设施安全的植物，不得堆放可能危及电力设施安全的物品。在依法划定电力设施保护区前已经种植的植物妨碍电力设施安全的，应当修剪或者砍伐。

任何单位和个人需要在依法划定的电力设施保护区内进行可能危及电力设施安全的作业时，应当经电力管理部门批准并采取安全措施后，方可进行作业。

电力设施与公用工程、绿化工程和其他工程在新建、改建或者扩建中相互妨碍时，有关单位应当按照国家有关规定协商，达成协议后方可施工。

（7）监督检查。电力管理部门依法对电力企业和用户执行电力法律、行政法规的情况进行监督检查。

电力管理部门根据工作需要，可以配备电力监督检查人员。电力监督检查人员应当公正廉洁，秉公执法，熟悉电力法律、法规，掌握有关电力专业技术。

电力监督检查人员进行监督检查时，有权向电力企业或者用户了解有关执行电力法律、行政法规的情况，查阅有关资料，并有权进入现场进行检查。

电力企业和用户对执行监督检查任务的电力监督检查人员应当提供方便。电力监督检查人员进行监督检查时，应当出示证件。

（8）法律责任。电力企业或者用户违反供用电合同，给对方造成损失的，应当依法承担赔偿责任。电力企业未保证供电质量或者未事先通知用户中断供电，给用户造成损失的，应当依法承担赔偿责任。

因电力运行事故给用户或者第三人造成损害的，电力企业应当依法承担赔偿责任。电力运行事故由下列原因之一造成的，电力企业不承担赔偿责任：

1）不可抗力；

2）用户自身的过错。

因用户或者第三人的过错给电力企业或者其他用户造成损害的，该用户或者第三人应当依法承担赔偿责任。

非法占用变电设施用地、输电线路走廊或者电缆通道的，由县级以上地方人民政府责令限期改正；逾期不改正的，强制清除障碍。

电力建设项目不符合电力发展规划、产业政策的，由电力管理部门责令停止建设。

电力建设项目使用国家明令淘汰的电力设备和技术的，由电力管理部门责令停止使用，没收国家明令淘汰的电力设备，并处五万元以下的罚款。

未经许可，从事供电或者变更供电营业区的，由电力管理部门责令改正，没收违法所得，可以并处违法所得五倍以下的罚款。

拒绝供电或者中断供电的，由电力管理部门责令改正，给予警告；情节严重的，对有关主管人员和直接责任人员给予行政处分。

危害供电、用电安全或者扰乱供电、用电秩序的，由电力管理部门责令改正，给予警告；情节严重或者拒绝改正的，可以中止供电，可以并处五万元以下的罚款。

未按照国家核准的电价和用电计量装置的记录向用户计收电费、超越权限制定电价或者在电费中加收其他费用的，由物价行政主管部门给予警告，责令返还违法收取的费用，可以并处违法收取费用五倍以下的罚款；情节严重的，对有关主管人员和直接责任人员给予行政处分。

减少农业和农村用电指标的，由电力管理部门责令改正；情节严重的，对有关主管人员和直接责任人员给予行政处分；造成损失的，责令赔偿损失。

未经批准或者未采取安全措施在电力设施周围或者在依法划定的电力设施保护区内进行作业，危及电力设施安全的，由电力管理部门责令停止作业、恢复原状并赔偿损失。

在依法划定的电力设施保护区内修建建筑物、构筑物或者种植植物、堆放物品，危及电力设施安全的，由当地人民政府责令强制拆除、砍伐或者清除。

有下列行为之一，应当给予治安管理处罚的，由公安机关依照治安管理处罚法的有关规定予以处罚；构成犯罪的，依法追究刑事责任：

1）阻碍电力建设或者电力设施抢修，致使电力建设或者电力设施抢修不能正常进行的；

2）扰乱电力生产企业、变电站（发电厂）、电力调度机构和供电企业的秩序，致使生产、工作和营业不能正常进行的；

3）殴打、公然侮辱履行职务的查电人员或者抄表收费人员的；

4）拒绝、阻碍电力监督检查人员依法执行职务的。

盗窃电能的，由电力管理部门责令停止违法行为，追缴电费并处应交电费五倍以下的罚款；构成犯罪的，依照刑法有关规定追究刑事责任。

盗窃电力设施或者以其他方法破坏电力设施，危害公共安全的，依照刑法有关规定追究刑事责任。

电力管理部门的工作人员滥用职权、玩忽职守、徇私舞弊，构成犯罪的，依法追究刑事责任；尚不构成犯罪的，依法给予行政处分。

电力企业职工违反规章制度、违章调度或者不服从调度指令，造成重大事故的，依照刑法有关规定追究刑事责任。

电力企业职工故意延误电力设施抢修或者抢险救灾供电，造成严重后果的，依照刑法有关规定追究刑事责任。

电力企业的管理人员和查电人员、抄表收费人员勒索用户、以电谋私，构成犯罪的，依法追究刑事责任；尚不构成犯罪的，依法给予行政处分。

4. *劳动法*

《中华人民共和国劳动法》（简称《劳动法》）是为了保护劳动者的合法权益，调整劳动关系，建立和维护适应社会主义市场经济的劳动制度，促进经济发展和社会进步，根据宪法，制定本法。

修订过程是：1994 年 7 月 5 日第八届全国人民代表大会常务委员会第八次会议通过，1994 年 7 月 5 日中华人民共和国主席令第二十八号公布，自 1995 年 1 月 1 日起施行。

2009 年 8 月 27 日第十一届全国人民代表大会常务委员会第十次会议通过《全国人民代表大会常务委员会关于修改部分法律的决定》，自公布之日起施行。

2018 年 12 月 29 日，第十三届全国人民代表大会常务委员会第七次会议通过对《中华人民共和国劳动法》作出修改。

《劳动法》共 13 章 107 条，对促进就业、劳动合同和集体合同、工作时间和休息休假、工资、劳动安全卫生、女职工和未成年工特殊保护、职业培训、社会保险和福利、劳动争议、监督检查、法律责任等方面作出了相关规定。

5. 消防法

《中华人民共和国消防法》(简称《消防法》)是为了预防火灾和减少火灾危害，加强应急救援工作，保护人身、财产安全，维护公共安全，制定的法律。

修订过程是：1998 年 4 月 29 日第九届全国人民代表大会常务委员会第二次会议通过。2008 年 10 月 28 日第十一届全国人民代表大会常务委员会第五次会议修订。根据 2019 年 4 月 23 日第十三届全国人民代表大会常务委员会第十次会议《关于修改〈中华人民共和国建筑法〉等八部法律的决定》修正。

《消防法》共 7 章 74 条，对火灾预防、消防组织、灭火救援、监督检查、法律责任等方面作出了相关规定。

6. 建筑法

《中华人民共和国建筑法》(简称《建筑法》)是为了加强对建筑活动的监督管理，维护建筑市场秩序，保证建筑工程的质量和安全，促进建筑业健康发展，制定的法律。

修订过程是：1997 年 11 月 1 日第八届全国人民代表大会常务委员会第二十八次会议通过。根据 2011 年 4 月 22 日第十一届全国人民代表大会常务委员会第二十次会议《关于修改〈中华人民共和国建筑法〉的决定》第一次修正。根据 2019 年 4 月 23 日第十三届全国人民代表大会常务委员会第十次会议《关于修改〈中华人民共和国建筑法〉等八部法律的决定》第二次修正。

《建筑法》共 8 章 85 条，对建筑许可、建筑工程施工许可、从业资格、建筑工程发包与承包、建筑工程监理、建筑安全生产管理、建筑工程质量管理、法律责任等方面作出了相关规定。

7. 生产安全事故报告和调查处理条例

《生产安全事故报告和调查处理条例》是为了规范生产安全事故的报告和调查处理，落实生产安全事故责任追究制度，防止和减少生产安全事故，根据《中华人民共和国安全生产法》和有关法律，制定的条例。

修订过程是：中华人民共和国国务院令第 493 号《生产安全事故报告和调查处理条例》由 2007 年 3 月 28 日国务院第 172 次常务会议通过，自

2007年6月1日起施行。

《生产安全事故报告和调查处理条例》共6章46条，对事故报告、事故调查、事故处理、法律责任等方面作出了相关规定。

8. 电力安全事故应急处置和调查处理条例

《电力安全事故应急处置和调查处理条例》是为了加强电力安全事故的应急处置工作，规范电力安全事故的调查处理，控制、减轻和消除电力安全事故损害，制定的条例。

修订过程是：中华人民共和国国务院令第599号《电力安全事故应急处置和调查处理条例》由2011年6月15日国务院第159次常务会议通过，自2011年9月1日起施行。

《电力安全事故应急处置和调查处理条例》共6章37条，对事故报告、事故应急处置、事故调查处理、法律责任等方面作出了相关规定。

第二节　安全生产基本常识

一、电力安全常识

（一）电力生产基本概念

1. 常用名词解释

（1）三相交流电：由三个频率相同、电动势振幅相等、相位差互差120°的交流电路组成的电力系统。

（2）一次设备：直接与生产电能和输配电有关的设备称为一次设备。包括各种高压断路器、隔离开关、母线、电力电缆、电压互感器、电流互感器、电抗器、避雷器、消弧线圈、并联电容器及高压熔断器等。

（3）二次设备：对一次设备进行监视、测量、操纵控制和保护作用的辅助设备。如各种继电器、信号装置、测量仪表、录波记录装置以及遥测、遥信装置和各种控制电缆、小母线等。

（4）高压断路器：又称高压开关，它不仅可以切断或闭合高压电路中的空载电流和负荷电流，而且当系统发生故障时，通过继电保护装置的作用，切断过负荷电流和短路电流。它具有相当完善的灭弧结构和足够的断流能力。

（5）负荷开关：负荷开关的构造与隔离开关相似，只是加装了简单的灭弧装置。它也是有一个明显的断开点，有一定的断流能力，可以带负荷操作，但不能直接断开短路电流，如果需要，要依靠与它串接的高压熔断器来实现。

（6）空气断路器（自动开关）：是用手动（或电动）合闸，用锁扣保持合闸位置，由脱扣机构作用于跳闸并具有灭弧装置的低压开关，目前被广泛用于 500V 以下的交、直流装置中，当电路内发生过负荷、短路、电压降低或消失时，能自动切断电路。

（7）电缆：由芯线（导电部分）、外加绝缘层和保护层三部分组成的电线称为电缆。

（8）母线：电气母线是汇集和分配电能的通路设备，它决定了配电装置设备的数量，并表明以什么方式来连接发电机、变压器和线路，以及怎样与系统连接来完成输配电任务。

（9）电流互感器：又称仪用变流器，是一种将大电流变成小电流的仪器。

（10）变压器：一种静止的电气设备，是用来将某一数值的交流电压变成频率相同的另一种或几种数值不同的交流电压的设备。

（11）高压验电笔：用来检查高压网络变配电设备、架空线、电缆是否带电的工具。

（12）接地线：是为了在已停电的设备和线路上意外地出现电压时保证工作人员的重要工具。按部颁规定，接地线必须是 $25mm^2$ 以上裸铜软线制成。

（13）标示牌：用来警告人们不得接近设备和带电部分，指示为工作人员准备的工作地点，提醒采取安全措施，以及禁止微量某设备或某段线路合闸通电的通告示牌。可分为警告类、允许类、提示类和禁止在等。

（14）遮栏：为防止工作人员无意碰到带电设备部分而装设备的屏护，分临时遮栏和常设遮栏两种。

（15）绝缘棒：又称令克棒、绝缘拉杆、操作杆等。绝缘棒由工作头、绝缘杆和握柄三部分构成。它供闭合或断开高压隔离开关、装拆携带式接地线，以及进行测量和试验时使用。

（16）跨步电压：如果地面上水平距离为0.8m的两点之间有电位差，当人体两脚接触该两点，则在人体上将承受电压，此电压称为跨步电压。最大的跨步电压出现在离接地体的地面水平距离0.8m处与接地体之间。

（17）操作过电压：在电力系统中由于操作所引起的一类过电压。产生操作过电压的原因是在电力系统中存在储能元件的电感与电容，当正常操作或故障时，电路状态发生了改变，由此引起了振荡的过渡过程，这样就有可能在系统中出现超过正常工作电压的过电压。

（18）大气过电压：由直击雷或雷电感应突然加到电力系统中，使电气设备所承受的电压远远超过其额定值。为防止大气过电压，通常采取装设避雷针、避雷线、避雷器，合理提高线路绝缘水平，采用自动重合闸装置等措施。

（19）工作接地：为了保证电气设备在正常和事故情况下可靠的工作而进行的接地称为工作接地，如中性点直接接地和间接接地以及零线的重复接地、防雷接地等都是工作接地。

（20）保护接地：保护接地，是为防止电气装置的金属外壳、配电装置的构架和线路杆塔等带电危及人身和设备安全而进行的接地。所谓保护接地就是将正常情况下不带电，而在绝缘材料损坏后或其他情况下可能带电的电器金属部分（即与带电部分相绝缘的金属结构部分）。

（21）相序：就是相位的顺序，是交流电的瞬时值从负值向正值变化经过零值的依次顺序。

（22）电力网：电力网是电力系统的一部分，它是由各类变电站（所）和各种不同电压等级的输、配电线路连接起来组成的统一网络。

（23）电力系统：电力系统是动力系统的一部分，它由发电厂的发电机及配电装置，升压及降压变电站（发电厂）、输配电线路及用户的用电设备所组成。

（24）动力系统：发电厂、变电站（发电厂）及用户的用电设备，其相间以电力网及热力网（或水力）系统连接起来的总体叫作动力系统。

2. 两票三制概念

两票：工作票、操作票；

三制：交接班制、巡回检查制、设备定期试验及轮换制。

工作票：工作票是准许在电气设备上工作的书面命令，也是执行保证安全技术措施的书面依据。

操作票：为保证电气设备倒闸操作遵守正确的顺序，必须先由操作人填写倒闸操作的内容和顺序的票据。

交接班制度：是实行轮班制的生产单位上下班之间交接情况，保证安全生产的一项管理制度。

巡回检查制：是指为保证各设备的安全经济运行，值班人员必须按规定时间、内容及线路对设备进行巡回检查，以便随时掌握设备运行情况，采取必要措施将事故消灭在萌芽状态。

设备定期试验及轮换制：定期试验是指运行设备或备用设备进行动态或静态启动、保护传动，以检测运行或备用设备的健康水平；定期轮换是指运行设备与备用设备之间轮换运行。

"两票三制"是电力安全生产保证体系中最基本的制度之一，是我国电力行业多年运行实践中总结出来的经验，对任何人为责任事故的分析，均可以在其"两票三制"的执行问题上找到原因。

为把安全生产方针落到实处，提高预防事故能力，杜绝人为责任事故，杜绝恶性误操作事故，"两票三制"必须严格执行，并应注意以下几点：

（1）加大操作票的执行与管理；

（2）严格工作票管理，杜绝无票作业；

（3）认真执行交接班制度；

（4）提高运行人员监盘、巡检质量，加强培养运行人员及时发现问题的能力；

（5）设备定期试验及轮换制度是"两票三制"中不应忽视的一项工作，是运行人员检验运行及备用设备是否处于良好状态的重要技术管理手段。

3. 两措

两措：指安全技术措施计划和反事故技术措施计划。

安全技术措施计划：又叫劳动保护措施，是指以改善劳动条件，防止工伤事故，防止职业病和职业中毒等引起伤害的保护措施。安全技术措施是针对人身安全采取的保护措施。

反事故技术措施计划：是指对生产过程中发生的事故所采取的技术性防范措施，主要以防止设备事故，防止人员误操作、防腐、防爆、防污闪等事故发生的技术措施。反措是针对可能发生的设备事故采取防护措施。

安全技术措施计划主要内容有改善劳动条件、防止事故、预防职业病、提高职工安全素质等技术措施。

安全技术措施计划应包括下列内容：

（1）措施名称及所在车间；

（2）目前安全生产状况及拟定采取的措施；

（3）所需资金、设备、材料及来源；

（4）项目完成后的预期效果；

（5）设计施工单位或负责人；

（6）开工及竣工日期。

反事故技术措施计划主要内容有：

（1）防止人身伤亡事故。主要包括加强作业场所危险点分析和做好各项安全措施、加强作业人员培训、加强外包工程人员管理、加强安全工器具检查等内容。

（2）防止系统稳定破坏事故。主要包括加强电力规划和建设、电力系统安全运行和技术措施、系统安全稳定计算分析、防止系统电压崩溃等内容。

（3）防止机网协调事故。主要包括加强发电机组与电网密切相关设备管理、加强发电机组一次调频运行管理、加强发电机组参数管理、发电机非正常及特殊运行方式下防止电网和发电设备事故措施等内容。

（4）防止电气误操作事故。主要包括加强防误操作管理、完善防误操作技术措施，加强对运行、检修人员防误操作培训等内容。

（5）防止枢纽变电站全停事故。主要包括完善枢纽变电站的一次设备建设、防止直流系统故障造成枢纽变电站全停、防止继电保护误动造成枢纽变电站全停、防止母线故障造成枢纽变电站全停、防止由于运行操作不当造成枢纽变电站全停等内容。

（6）防止输电线路事故。主要包括对设计、基建和运行阶段提出重点要求和应注意的问题。

（7）防止输变电设备污闪、冰闪事故。主要包括对设计、基建和运行阶段提出重点要求和应注意的问题。

（8）防止变压器损坏事故。主要包括加强变压器的全过程管理、相关试验和运输要求、防止变压器绝缘事故、防止分接开关事故、采取措施保证冷却系统可靠运行、加强变压器有关保护管理、防止变压器短路事故损坏、防止套管事故、预防变压器火灾事故等内容。

（9）防止互感器损坏事故。主要包括各类油浸式互感器、SF_6绝缘电流互感器的事故防范措施。

（10）防止开关设备事故。主要包括选用高压开关设备的技术措施、新装和检修后开关设备的事故措施、预防开关设备拒动、误动故障的措施、预防断路器灭弧室事故的措施、预防开关设备载流回路过热的措施等内容。

（11）防止接地网和过电压事故。主要包括防止接地网事故、防止雷电过电压事故、防止变压器中性点过电压事故、防止谐振过电压事故、防止弧光接地过电压事故、防止并联电容补偿装置操作过电压事故、防止避雷器事故等内容。

（12）防止直流系统事故。主要包括加强蓄电池组的运行管理和维护、保证直流系统设备安全稳定运行、加强防止直流系统误操作的技术及管理措施、直流系统配置原则、加强直流系统的防火工作等内容。

（13）防止继电保护事故。主要从规划、继电保护配置、继电保护设计、基建调试和验收，运行管理、定值管理、二次回路、继电保护技术监督等方面提出防范措施。

（14）防止电网调度自动化系统与电力通信网事故。主要从网络设置要求、电能量计量主站系统、调度自动化主站系统供电电源、通信传输通道设置等方面提出有关要求。

（15）防止垮坝、水淹厂房事故。主要从健全防汛组织机构、防汛检查、防洪抢险器材和物资储备、强化水电厂水库运行管理等方面提出防范措施。

（16）防止风电、太阳能发电的事故。主要从加强设备选型、设计、安装、维护等方面提出要求，防止倒塔、叶轮整体坠落、叶片断裂、发电机和齿轮箱损坏、柔性塔筒涡激振动等防范措施。

（17）防止火灾事故。主要从加强防火组织和消防设施管理、电缆防火、检修现场防火措施、蓄电池室防火措施等方面提出要求。

（18）防止交通事故。主要包括建立健全交通安全管理机构、加强对各种车辆维修管理、加强对驾驶员的管理和教育等内容。

（二）安全生产常识

1. 安全运行一般规定

（1）新能源发电厂、站所有电气设备的金属部分，必须按规定接零或接地。其接地电阻值应满足规定。

（2）新能源发电厂、站各种设备的技术记录及图纸、档案必须与实际运行设备相符合。当设备变动时，应及时进行更正。

（3）新能源发电厂、站内控制回路及保护回路的每个熔断器应标明名称和使用安培数。熔丝的容量须逐级配置，当回路中有故障时，不应越级熔断。

（4）新能源发电厂、站内的所有指示电压表、电流表均应标明允许值，调整时应及时更正；双方向的功率表，应标明受电及送电的方向。

（5）新能源发电厂、站电气设备均应有标志，且应符合相关规定。变电站（发电厂）设备发生异常现象，如接地、电流、电压回路断线、过负荷、压力异常、温度过高等，均应发出预告音响警报。

（6）新能源发电厂、站应具备各种安全管理制度和标准。

2. 设备巡视的基本安全要求

巡视检查是变电站（发电厂）电气运行值班人员最基本的、最经常的工作之一。通过巡视检查新能源发电厂、站设备，不仅能监视新能源发电厂、站中各种设备的正常运行，而且还能及时发现设备的缺陷。运行中设备缺陷及时处理，是保证新能源发电厂、站安全运行的重要措施之一。为保证巡视工作中的人身与设备安全，巡视中必须注意以下几点：

（1）巡视检查。电气运行值班人员在巡视检查时不得从事与运行工作无关的其他工作。其主要任务是监视电气设备的运行状态，发现设备缺陷，对设备缺陷的情况要及时汇报，并做好记录；只有遇到危害人身或设备安全的紧急情况下，才能按照有关规程规定立即处理。巡视中，绝对禁止移开或越过遮栏而靠近高压设备，以免引起人身触电事故。巡视后，应随手关好门窗，并上锁。

（2）制定巡视周期。各新能源发电厂、站应根据多年运行情况，总结出有规律性的巡视检查周期，按照不同的班次、不同的季节、不同的环境、不同的运行方式以及不同的气候等条件，规定出每次巡视检查的具体内容与要求。

（3）巡视检查遇有雷雨天气，需要进入室外高压设备场区时，应穿试验合格的绝缘靴，并且不得靠近避雷器和避雷针，以免发生人身触电事故。

（4）巡视检查中，若发现高压设备有接地时，不要靠近接地点。在室内不得接近距故障点 4m 以内，室外不得接近距故障点 8m 以内。进入上述范围内，必须有第二监护人在现场，并穿好绝缘靴；若需要接触设备外壳和构架时，应戴好绝缘手套，以免因跨步电压、接触电压引起人身触电事故。

（5）从事单独巡视工作的电气运行人员，必须严格遵守《电业安全工作规程》中的有关规定。

（三）保证安全的组织措施和技术措施

1. 保证安全的组织措施

在电气设备上工作，保证安全的组织措施有：现场勘察制度、工作票制度、工作许可制度、工作监护制度、工作间断，转移和终结制度。

（1）现场勘察制度。变电检修（施工）作业，工作票签发人或工作负责人认为有必要进行现场勘察的，检修（施工）单位应根据工作任务组织现场勘察，并填写现场勘察记录。现场勘察由工作票签发人或工作负责人组织。

（2）工作票制度。工作票是准许在电气设备，热力和机械设备以及电力线路上工作的书面命令书；也是明确安全职责，向工作人员进行安全交底，以及履行工作许可手续、工作间断、转移和终结手续，并实施保证安全技术措施等的书面依据。

1）工作票所列人员的基本条件：

工作票的签发人应是熟悉人员技术水平、熟悉设备情况、熟悉电力安全工作规程，并具有相关工作经验的生产领导人、技术人员或经本单位分管生产领导批准的人员。工作票签发人员名单应书面公布。

工作负责人（监护人）应是具有相关工作经验，熟悉设备情况和本规程，经工区（所、公司）生产领导书面批准的人员。工作负责人还应熟悉工作班成员的工作能力。

工作许可人应是经工区（所、公司）生产领导书面批准的有一定工作经验的运行人员或检修操作人员(进行该工作任务操作及做安全措施的人员)：用户变、配电站的工作许可人应是持有效证书的高压电气工作人员。

专责监护人应是具有相关工作经验，熟悉设备情况和本规程的人员。

2）工作票所列人员的安全责任。

a. 工作票签发人：

a）工作必要性和安全性；

b）工作票上所填安全措施是否正确完备；

c）所派工作负责人和工作班人员是否适当和充足。

b. 工作负责人（监护人）：

a）正确安全地组织工作；

b）负责检查工作票所列安全措施是否正确完备，是否符合现场实际条件，必要时予以补充；

c）工作前对工作班成员进行危险点告知，交待安全措施和技术措施，并确认每一个工作班成员都已知晓；

d）严格执行工作票所列安全措施；

e）督促、监护工作班成员遵守本规程，正确使用劳动防护用品和执行现场安全措施；

f）工作班成员精神状态是否良好，变动是否合适。

c. 工作许可人：

a）负责审查工作票所列安全措施是否正确、完备，是否符合现场条件；

b）工作现场布置的安全措施是否完善，必要时予以补充；

c）负责检查检修设备有无突然来电的危险；

d）对工作票所列内容即使发生很小疑问，也应向工作票签发人询问清楚，必要时应要求作详细补充。

d. 专责监护人：

a）明确被监护人员和监护范围；

b）工作前对被监护人员交待安全措施，告知危险点和安全注意事项；

c）监督被监护人员遵守本规程和现场安全措施，及时纠正不安全行为。

e. 工作班成员：

a）熟悉工作内容、工作流程，掌握安全措施，明确工作中的危险点，并履行确认手续；

b）严格遵守安全规章制度、技术规程和劳动纪律，对自己在工作中的行为负责，互相关心工作安全，并监督本规程的执行和现场安全措施的实施；

c）正确使用安全工器具和劳动防护用品。

（3）工作许可制度。工作许可人在完成施工现场的安全措施后，还应完成以下手续，工作班方可开始工作：会同工作负责人到现场再次检查所做的安全措施，对具体的设备指明实际的隔离措施，证明检修设备确无电压；对工作负责人指明带电设备的位置和注意事项；和工作负责人在工作票上分别确认、签名。

运行人员不得变更有关检修设备的运行接线方式。工作负责人、工作许可人任何一方不得擅自变更安全措施，工作中如有特殊情况需要变更时，应先取得对方的同意并及时恢复。变更情况及时记录在值班日志内。

（4）工作监护制度。工作许可手续完成后，工作负责人、专责监护人应向工作班成员交待工作内容、人员分工、带电部位和现场安全措施，进行危险点告知，并履行确认手续同，工作班方可开始工作。工作负责人、专责监护人应始终在工作现场，对工作班人员的安全认真监护，及时纠正不安全的行为。

所有工作人员（包括工作负责人）不许单独进入、滞留在高压室、阀厅内和室外高压设备区内。

若工作需要（如测量极性、回路导通试验、光纤回路检查等），而且现场设备允许时，可以准许工作班中有实际经验的一个人或几人同时在他室进行工作，但工作负责人应在事前将有关安全注意事项予以详尽地告知。

工作负责人在全部停电时，可以参加工作班工作。在部分停电时，只有在安全措施可靠，人员集中在一个工作地点，不致误碰有电部分的情况下，方能参加工作。

工作票签发人或工作负责人，应根据现场的安全条件、施工范围、工作需要等具体情况，增设专责监护人和确定被监护的人员。

专责监护人不得兼做其他工作。专责监护人临时离开时，应通知被监护人员停止工作或离开工作现场，待专责监护人回来后方可恢复工作。若专责监护人必须长时间离开工作现场时，应由工作负责人变更专责监护人，履行变更手续，并告知全体被监护人员。

工作期间，工作负责人若因故暂时离开工作现场时，应指定能胜任的人员临时代替，离开前应将工作现场交待清楚，并告知工作班成员。原工作负责人返回工作现场时，也应履行同样的交接手续。

若工作负责人必须长时间离开工作现场时，应由原工作票签发人变更工作负责人，履行变更手续，并告知全体工作员及工作许可人。原、现工作负责人应做好必要的交接。

（5）工作间断、转移和终结制度。工作间断时，工作班人员应从工作现场撤出，所有安全措施保持不动，工作票仍由工作负责人执存，间断后继续工作，无需通过工作许可人。每日收工，应清扫工作地点，开放已封闭的通道，并将工作票交回运行人员。次日复工时，应得到工作许可人的许可，取回工作票，工作负责人应重新认真检查安全措施是否符合工作票的要求，并召开现场站班会后，方可工作。若无工作负责人或专责监护人带领，作业人员不得进入工作地点。

在未办理工作票终结手续以前，任何人员不准将停电设备合闸送电。

在工作间断期间，若有紧急需要，运行人员可在工作票未交回的情况下合闸送电，但应先通知工作负责人，在得到工作班全体人员已经离开工作地点、可以送电的答复后方可执行，并应采取下列措施：

1）拆除临时遮栏、接地线和标示牌，恢复常设遮栏，换挂“止步，高压危险!”的标示牌。

2）应在所有道路派专人守候，以便告诉工作班人员“设备已经合闸送电，不得继续工作”。守候人员在工作票未交回以前，不得离开守候地点。

检修工作结束以前，若需将设备试加工作电压，应按下列条件进行：

1）全体工作人员撤离工作地点。

2）将该系统的所有工作票收回，拆除临时遮栏、接地线和标示牌，恢复常设遮栏。

3）应在工作负责人和运行人员进行全面检查无误后，由运行人员进行加压试验。

工作班若需继续工作时，应重新履行工作许可手续。

在同一电气连接部分用同一工作票依次在几个工作地点转移工作时，全部安全措施由运行人员在开工前一次做完，不需再办理转移手续。但工作负责人在转移工作地点时，应向工作人员交待带电范围、安全措施和注意事项。

全部工作完毕后，工作班应清扫、整理现场。工作负责人应先周密地检查，待全体工作人员撤离工作地点后，再向运行人员交待所修项目、发现的问题、试验结果和存在问题等，并与运行人员共同检查设备状况、状态，有无遗留物件，是否清洁等，然后在工作票上填明工作结束时间。经双方签名后，表示工作终结。

待工作票上的临时遮栏已拆除，标示牌已取下，已恢复常设遮栏，未拆除的接地线、未拉开的接地刀闸（装置）等设备运行方式已汇报调度，工作票方告终结。

只有在同一停电系统的所有工作票都已终结，并得到值班调度员或运行值班负责人的许可指令后，方可合闸送电。

已终结的工作票、事故应急抢修单应保存1年。

2. 保证安全的技术措施

在电气设备上工作时，为了保证工作人员的安全，一般都是在停电状态下进行，不管是在全部停电或部分停电的设备上工作时，都必须采取停电、验电、接地、悬挂标示牌和装设遮栏（围栏）五项基本措施，这是保证电力工作人员安全的重要技术措施，这些措施由运行人员或有权执行操作的人员执行。

（1）停电。工作地点，应停电的设备如下：检修的设备；与工作人员在进行工作中正常活动范围的距离小于表2－1规定的设备；在35kV及以下的设备处工作，安全距离虽大于表2－1规定，但小于表2－2规定，同时又无绝缘隔板、安全遮栏措施的设备；带电部分在工作人员后面、两侧、上下，且无可靠安全措施的设备以及其他需要停电的设备。

表2－1　作业人员工作中正常活动范围与设备带电部分的安全距离

电压等级（kV）	安全距离（m）	电压等级（kV）	安全距离（m）
10及以下（13.8）	0.35	1000	9.50
20、35	0.60	±50及以下	1.50
66、110	1.50	±400	6.70[a]
220	3.00	±500	6.80
330	4.00	±660	9.00
500	5.00	±800	10.10
750	8.00[b]		

注　表中未列电压按高一档电压等级的安全距离。

[a]　±400kV数据是按海拔3000m校正的，海拔4000m时安全距离为6.80m。

[b]　750kV数据是按海拔2000m校正的，其他等级数据按海拔1000m校正。

表2－2　设备不停电时的安全距离

电压等级（kV）	安全距离（m）	电压等级（kV）	安全距离（m）
10及以下（13.8）	0.70	1000	8.70
20、35	1.00	±50及以下	1.50
66、110	1.50	±400	5.90[a]
220	3.00	±500	6.00
330	4.00	±660	8.40
500	5.00	±800	9.30
750	7.20[b]		

注　表中未列电压按高一档电压等级的安全距离。

[a]　±400kV数据是按海拔3000m校正的，海拔4000m时安全距离为6.00m。

[b]　750kV数据是按海拔2000m校正的，其他等级数据按海拔1000m校正。

检修设备停电，应把各方面的电源完全断开（任何运行中的星形接线设备的中性点，应视为带电设备）。禁止在只经断路器（开关）断开电源的设备上工作。应拉开隔离开关（刀闸），手车开关应拉至试验或检修位置，应使各方面有一个明显的断开点，若无法观察到停电设备的断开点，应有能够反映设备运行状态的电气和机械等指示。与停电设备有关的变压器和电压互感器，应将设备各侧断开，防止向停电检修设备反送电。

检修设备和可能来电侧的断路器（开关）、隔离开关（刀闸）应断开控制电源和合闸电源，隔离开关（刀闸）操作把手应锁住，确保不会误送电。

对难以做到与电源完全断开的检修设备，可以拆除设备与电源之间的电气连接。

（2）验电。验电时，应使用相应电压等级、合格的接触式验电器，在装设接地线或合接地刀闸（装置）处对各相分别验电。验电前，应先在有电设备上进行试验，确证验电器良好；无法在有电设备上进行试验时可用工频高压发生器等确证验电器良好。

高压验电应戴绝缘手套。验电器的伸缩式绝缘棒长度应拉足，验电时手应握在手柄处不得超过护环，人体应与验电设备保持表2-2中规定的距离。雨雪天气时不得进行室外直接验电。

对无法进行直接验电的设备、雨雪天气时的户外设备，可以进行间接验电，即通过设备的机械指示位置、电气指示、带电显示装置、仪表及各种遥测、遥信等信号的变化来判断。判断时，应有两个及以上的指示，且所有指示均已同时发生对应变化，才能确认该设备已无电；若进行遥控操作，则应同时检查隔离开关（刀闸）的状态指示，遥测、遥信信号及带电显示装置的指示进行间接验电。

表示设备断开和允许进入间隔的信号、经常接入的电压表等，如果指示有电，则禁止在设备上工作。

（3）接地。装设接地线应由两人进行（经批准可以单人装设接地线的项目及运行人员除外）。

当验明设备确已无电压后，应立即将检修设备接地并三相短路。电缆及电容器接地前应逐相充分放电，星形接线电容器的中性点应接地、串联电容器及与整组电容器脱离的电容器应逐个多次放电，装在绝缘支架上的电容器外壳也应放电。

对于可能送电至停电设备的各方面都应装设接地线或合上接地刀闸（装置），所装接地线与带电部分应考虑接地线摆动时仍符合安全距离的规定。

对于因平行或邻近带电设备导致检修设备可能产生感应电压时，应加装工作接地线或使用个人保安线，加装的接地线应登录在工作票上，个人保安线由工作人员自装自拆。

在门型构架的线路侧进行停电检修，如工作地点与所装接地线的距离小于 10m，工作地点虽在接地线外侧，也可不另装接地线。

检修部分若分为几个在电气上不相连接的部分［如分段母线以隔离开关（刀闸）或断路器（开关）隔开分成几段］，则各段应分别验电接地短路。降压变电站全部停电时，应将各个可能来电侧的部分接地短路，其余部分不必每段都装设接地线或合上接地刀闸（装置）。

接地线、接地刀闸与检修设备之间不得连有断路器（开关）或熔断器。若由于设备原因，接地刀闸与检修设备之间连有断路器（开关），在接地刀闸和断路器（开关）合上后， 应有保证断路器（开关）不会分闸的措施。

在配电装置上，接地线应装在该装置导电部分的规定地点，这些地点的油漆应刮去，并划有黑色标记。所有配电装置的适当地点，均应设有与接地网相连的接地端，接地电阻应合格。接地线应采用三相短路式接地线，若使用分相式接地线时，应设置三相合一的接地端。

装设接地线应先接接地端，后接导体端，接地线应接触良好，连接应可靠。拆接地线的顺序与此相反。装、拆接地线均应使用绝缘棒和戴绝缘手套。人体不得碰触接地线或未接地的导线，以防止触电。带接地线拆设备接头时，应采取防止接地线脱落的措施。

成套接地线应用有透明护套的多股软铜线组成，其截面不得小于 $25mm^2$，同时应满足装设地点短路电流的要求。

禁止使用其他导线作接地线或短路线。接地线应使用专用的线夹固定在导体上，禁止用缠绕的方法进行接地或短路。

禁止工作人员擅自移动或拆除接地线。高压回路上的工作，必须要拆除全部或一部分接地线后始能进行工作者［如测量母线和电缆的绝缘电阻，测量线路参数，检查断路器（开关）触头是否同时接触]，如：

1）拆除一相接地线。

2）拆除接地线，保留短路线。

3）将接地线全部拆除或拉开接地刀闸（装置）。

上述工作应征得运行人员的许可（根据调度员指令装设的接地线，应征得调度员的许可），方可进行。工作完毕后立即恢复。

每组接地线均应编号，并存放在固定地点。存放位置亦应编号，接地线号码与存放位置号码应一致。

装、拆接地线，应做好记录，交接班时应交待清楚。

（4）悬挂标示牌和装设遮栏（围栏）。在一经合闸即可送电到工作地点的断路器（开关）和隔离开关（刀闸）的操作把手上，均应悬挂“禁止合闸，有人工作！”的标示牌。

如果线路上有人工作，应在线路断路器（开关）和隔离开关（刀闸）操作把手上悬挂“禁止合闸，线路有人工作！”的标示牌。

对由于设备原因，接地刀闸与检修设备之间连有断路器（开关），在接地刀闸和断路器（开关）合上后，在断路器（开关）操作把手上，应悬挂“禁止分闸！”的标示牌。

在显示屏上进行操作的断路器（开关）和隔离开关（刀闸）的操作处均应相应设置“禁止合闸，有人工作！”或“禁止合闸，线路有人工作！”以及“禁止分闸！”的标记。

部分停电的工作，安全距离小于表 2－2 规定距离以内的未停电设备，应装设临时遮栏，临时遮栏与带电部分的距离不得小于表2－1的规定数值，临时遮栏可用干燥木材、橡胶或其他坚韧绝缘材料制成，装设应牢固，并悬挂“止步，高压危险！”的标示牌。

35kV 及以下设备的临时遮栏，如因工作特殊需要，可用绝缘隔板与带电部分直接接触。

在室内高压设备上工作，应在工作地点两旁及对面运行设备间隔的遮栏（围栏）上和禁止通行的过道遮栏（围栏）上悬挂“止步，高压危险！”的标示牌。

高压开关柜内手车开关拉出后，隔离带电部位的挡板封闭后禁止开启，并设置“止步，高压危险！”的标示牌。

在室外高压设备上工作，应在工作地点四周装设围栏，其出入口要围至临近道路旁边，并设有“从此进出！”的标示牌。工作地点四周围栏上悬挂适当数量的“止步，高压危险！”标示牌，标示牌应朝向围栏里面。若室外配电装置的大部分设备停电，只有个别地点保留有带电设备而其他设备无触及带电导体的可能时，可以在带电设备四周装设全封闭围栏，围栏上悬挂适当数量的“止步，高压危险！”标示牌，标示牌应朝向围栏外面。

禁止越过围栏。

在工作地点设置“在此工作！”的标示牌。

在室外构架上工作，则应在工作地点邻近带电部分的横梁上，悬挂“止步，高压危险！”的标示牌。在工作人员上下铁架或梯子上，应悬挂“从此上下！”的标示牌。在邻近其他可能误登的带电构架上，应悬挂“禁止攀登，高压危险！”的标示牌。

禁止工作人员擅自移动或拆除遮栏（围栏）、标示牌。因工作原因必须短时移动或拆除遮栏（围栏）、标示牌，应征得工作许可人同意，并在工作负责人的监护下进行。完毕后应立即恢复。

二、消防安全常识

火灾是指在时间和空间上失去控制地燃烧所造成的灾害。火是人类从野蛮进化到文明的重要标志。但火和其他事物一样具有两重性，一方面给人类带来了光明和温暖，带来了健康和智慧，从而促进了人类物质文明的不断发展；另一方面火又是一种具有很大破坏性的多发性的灾害，随着生产生活中用火用电的不断增多，由于人们用火用电管理不慎或者设备故障等原因而不断产生火灾，对人类的生命财产构成了巨大的威胁。

在新能源发电厂生产过程中，有许多容易引起火灾的客观因素，如风机机组电缆过电流发热起火事故，使国家和企业遭受重大损失，给社会造成重大的影响。

因此，为确保新能源发电厂及电力生产的消防安全，必须认真贯彻“以防为主，防消结合”的方针。严格执行《中华人民共和国消防法》、

DL 5027—2015《电力设备典型消防规程》，切实落实消防及防火技术措施，完善电力生产区域必配的消防设施，提高全体员工的消防安全意识和消防安全知识。

（一）燃烧灭火的基本常识

1. 物质燃烧的基本条件和充分条件

（1）物质燃烧须具备的三个基本条件（必要条件）是：① 可燃物。有气体、液体和固体三态，如煤气、汽油、木材、塑料等。② 助燃物。泛指空气、氧气及氧化剂。③ 着火源。如电点火源、高温点火源、冲击点火源和化学点火源等。

以上三个条件必须同时具备，并相互结合、相互作用，燃烧才能发生，三个条件缺一不可。

（2）燃烧的充分条件。需要说明的是，具备了燃烧的必要条件，并不等于燃烧必然发生。在各必要条件中，还有一个“量”的概念，这就是发生燃烧或持续燃烧的充分条件。物质燃烧的充分条件是：① 一定的可燃物质浓度。可燃气体或可燃液体的蒸汽与空气混合只在达到一定浓度，才会发生燃烧或爆炸。达不到燃烧所需的浓度，虽有充足的氧气和明火，仍不能发生燃烧。② 一定的氧含量。各种不同的可燃物发生燃烧，均有最低含氧量要求。低于这一浓度，虽然燃烧的其他必要条件已经具备，燃烧仍不会发生。③ 一定得导致燃烧的能量。各种不同可燃物质发生燃烧，均有固定的最小点火能量要求。达到这一能量才能引起燃烧反应，否则燃烧便不会发生。如：汽油的最小点火能量为0.2mJ，乙醚为0.19mJ，甲醇（2.24%）为0.215mJ。

2. 火灾类型

火灾按着火可燃物类别，一般分为5类。

A类火：固定体有机物质燃烧的火，通常燃烧后会形成炽热的余烬。

B类火：液体或可熔化固体燃烧的火。

C类火：气体燃烧的火。

D类火：金属燃烧的火。

E类火：燃烧时物质带电的火。

3. 灭火原理

灭火原理就是破坏燃烧三个必要条件中的某个或几个，以达到终止燃烧的目的。可归纳为隔离、冷却、窒息三种基本方式，见表 2-3。

表 2-3　灭火的基本方法

序号	灭火方法	灭火原理	具体施用方法举例
1	隔离法	使燃烧物和未燃烧物隔离，限定灭火范围	1）搬迁未燃烧物； 2）拆除毗邻燃烧处的建筑物、设备等； 3）断绝燃烧气体、液体的来源； 4）放空未燃烧的气体； 5）抽走未燃烧的液体或放入事故槽； 6）堵截流散的燃烧液体等
2	冷却法	降低燃烧物的温度于燃点之下，从而停止燃烧	1）用水喷洒冷却； 2）用砂土埋燃烧物； 3）往燃烧物上喷泡沫； 4）往燃烧物上喷射二氧化碳等
3	窒息法	稀释燃烧区的氧量，隔绝新鲜空气进入燃烧区	1）往燃烧物上喷射氮气、二氧化碳； 2）往燃烧物上喷洒雾状水、泡沫； 3）用砂土埋燃烧物； 4）用石棉被、湿麻袋捂盖燃烧物； 5）封闭着火的建筑物和设备孔洞等

（二）消防设施及器材

1. 火灾自动报警系统

火灾自动报警系统主要由火灾探测器或手动火灾报警控制器组成，分为区域报警、集中报警和控制中心报警三种。

区域报警系统如图 2-1 所示。由火灾探测器或手动火灾报警按钮及区域火灾报警控制器组成，适用于较小范围的保护。集中报警系统由火灾探测器或手动火灾报警按钮、区域火灾报警控制器和集中火灾报警器组成，如图 2-2 所示，适用较大范围内多个区域的保护。更进一步的控制中心报警系统，是由火灾探测器或手动火灾报警按钮、区域火灾报警控制器、集中火灾报警控制器以及消防控制设备组成，如图 2-3 所示。通常集中火灾报警控制器设在控制设备内，组成控制装置。

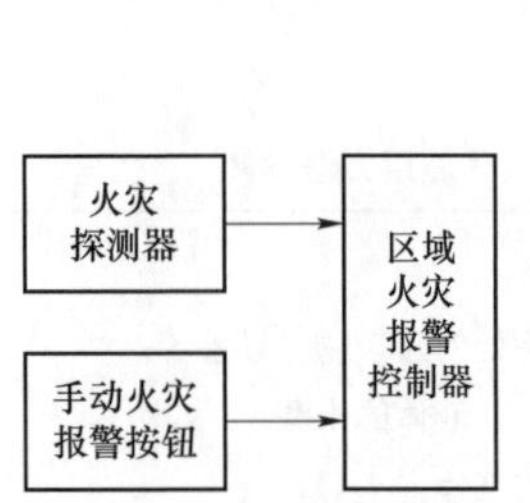

图 2-1　区域报警系统

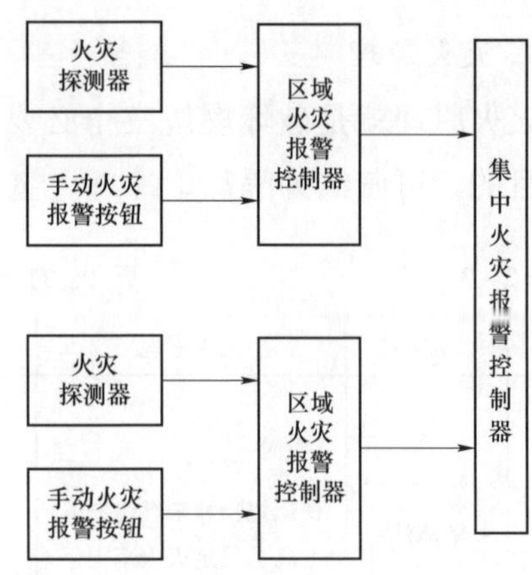

图 2-2　集中报警系统

探测器是报警系统的“感觉器官”，它的作用是监视环境中有没有火灾发生。一有火情，即向火灾报警控制器发送报警信号。火灾探测器是探测火灾的传感器，由于在火灾发生的阶段，将伴随产生烟雾、高温和火光。这些烟、热和光可以通过探测器转变为电信号通过火灾报警控制器发出声、光报警信号，若装有自动灭火系统的则启动自动灭火系统，及时扑灭火灾。

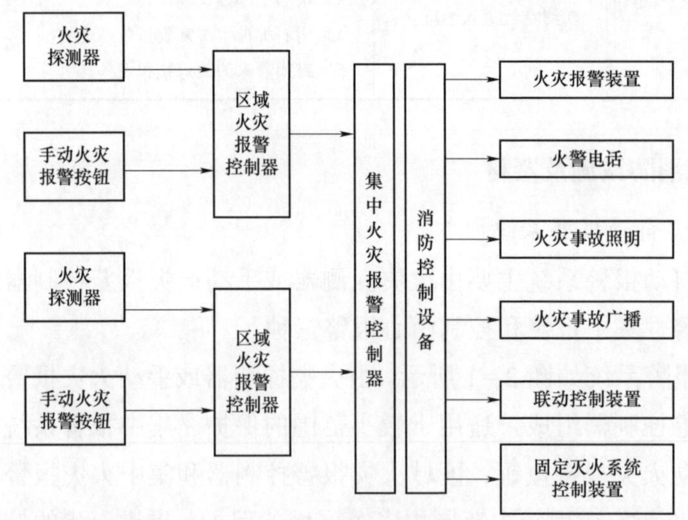

图 2-3　控制中心报警系统

火灾报警控制器是一种能为火灾探测器供电、接收、显示和传递火灾报警信号，并能对自动消防等装置发出控制信号的报警装置，它的主要作用是供给火灾探测器稳定的直流电流，监视连接各处火灾探测器的传输导线有无断线故障，保证火灾探测器长期、稳定、有效地工作，当探测器探到火灾后，能接受火灾探测器发来的报警信号，迅速、正确地进行转换处理，并以声光报警形式，指示火灾发生的具体部位。它分为区域火灾报警控制器和集中火灾报警控制器两种。

火灾报警设备应由受过专门培训的人员负责操作、管理和维修。为确保运行正常，应定期通过手动检查装置检查火灾报警控制器各项功能。

2. 固定式自动灭火系统

固定式灭火系统由固定设置的灭火剂供应源、管路、喷放器件和控制装置组成。火电厂中 200MW 及以上机组的车间（输煤栈桥及有必要装设的仓库）电缆夹层等处都应装设相应的固定自动灭火装置。

（1）自动喷水灭火系统。自动喷水灭火系统具有工作性能稳定、适应范围广、安全可靠、维护简便、投资少、不污染环境等优点，广泛应用于一切可以用于灭火的建筑物、构筑物和保护对象。

湿式系统由闭式喷头、湿式阀、水力警铃和供水管路组成。该系统具有自动探测、报警和喷水的功能，也可与火灾自动报警装置联合使用，使其功能更加安全可靠。因其供水管路和喷头内始终充满水，称为湿式或湿系统。当火灾发生时，火焰或高温气流使闭式喷头的感温元件动作，喷头开启，喷水灭火。水在管路中流动，冲开湿式阀，水力使警铃报警。当系统中装有压力开关或水流指示器时，可将报警信号送到报警控制器或控制室，也可以此联动消防泵工作。

干式系统适用于寒冷和高温场所。其管路和喷头内平时无水，称干式系统。该系统由干式喷头、干式阀、水力警铃、排气加速器，自动充气装置和供水管路组成。可以独立完成自动探测、报警和喷水任务，也可以与火灾自动探测报警装置联合使用。着火时，喷头感温开启，管路中的压缩空气从喷头喷出。使干式阀出口侧压力下降，干式阀被自动打开，水进入管路由喷头喷出。同时使水流冲击警铃发出报警信号。若系统装有压力开关，可将报警送至报警控制器，也可联动消防泵投入运行。必要时该系统可干一湿交替使用，但管理维护量大，腐蚀大，应用较少。

自动喷水灭火系统应由受过专门培训的人员负责操作和维护，确保随时投入工作。

（2）泡沫灭火系统。泡沫喷淋灭火系统分吸入空气和非吸入空气两种。当被保护的危险性场所起火后，自动探测系统报警，如安装有自动控制装置可自动启动消防泵，打开泵出口阀和泡沫比例混合器阀，通过管道送到泡沫喷头，将泡沫喷淋到被保护的危险物品表面，起到冷却降温、阻挡辐射热和覆盖窒息灭火的作用。

吸入型泡沫喷淋灭火系统适用于室内外易燃液体发生泄漏，甚至是大量泄漏起火时进行初期防护，能进行有效的防护但不适于扑救石油液化气或压缩气体引起的火灾，如丁烷、丙烷等引起的火灾；也不适宜扑救与水发生剧烈反应或与水反应生成有害物质的火灾；此外也不适用于电气设备火灾的扑救。

合成型泡沫喷雾灭火系统应有完善的操作、维护管理规程，并由经过专业培训的人员进行操作和维护管理，从而确保灭火系统能够正常工作。

（3）七氟丙烷灭火系统。七氟丙烷在常温下为气态，无色无味、不导电、无腐蚀，无环保限制，大气存留期较短。灭火机理主要是惰化火焰中的活性自由基，中断燃烧链，灭火速度极快，这对抢救性保护精密电子设备及贵重物品是有利的。七氟丙烷在大气中的生命周期为31～42年，而且在释出后不会留下残余物或油渍，也可透过正常排气通道排走，所以很适合作为数据中心或服务器存放中心的灭火剂，适用于电子计算机房、图书馆、档案馆、贵重物品库、电站（变压器室）、电信中心、洁净厂房等重点部位的消防保护。通常这些地方都会把一罐含有压缩了的七氟丙烷的罐安装在楼层顶部，当火警发生时，七氟丙烷从罐口排出，迅速把火警发生场所的氧气排走、并冷却火警发生处，从而达到灭火目的。

七氟丙烷虽然在室温下比较稳定，但在高温下仍然会分解，并产生氟化氢，产生刺鼻味道。其他燃烧产物还包括一氧化碳和二氧化碳。

七氟丙烷灭火装置分为有管网和无管网（柜式）两种。

有管网七氟丙烷灭火系统由灭火瓶组、高压软管、灭火剂单向阀、启动瓶组、安全泄压阀、选择阀、压力信号器、喷头、高压管道、高压管件等组成。

柜式七氟丙烷灭火系统储瓶置于柜体内，每套灭火装置包含灭火剂储

存瓶、平头控制阀、安全阀、手动阀、压力表、连接管（含弯头、喷头、七氟丙烷灭火剂）。储存瓶根据容积大小分为不同型号，可根据防护区的容积选择储存瓶。采用螺旋头或径向反射型喷头，使灭火剂能迅速、均匀地充满整个防护区。

（4）二氧化碳灭火系统。二氧化碳灭火系统的原理是减少空气中的含氧比例，使含氧量降低到12%以下或二氧化碳含量达30%～35%，一般可燃物质燃烧就被窒息。当二氧化碳含量达到43.6%时，能抑制汽油蒸气及其他易燃气体的爆炸。

二氧化碳灭火效果逊于卤代烷，但灭火剂价格是卤代烷的1/50左右，与水灭火剂比较具有不沾污物品没有水渍损害和不导电等优点，故应用比较广泛，使用量仅次于喷水灭火系统。

灭火系统按规定要求进行常规和定期检查保养，注意检查起动瓶上的压力降低值不得大于最小充装压力的10%，否则应查明原因，处理后充足气量。

3. 移动式灭火器材及使用

发电厂、变电站除按规范、标准要求设置自动报警和固定式自动灭火系统外，对其他可能发生火灾的地方，应设置移动式灭火器。目前常用的移动式灭火器主要有水基型、干粉、洁净气体和二氧化碳灭火器，其基本结构和使用方法见图2－4。

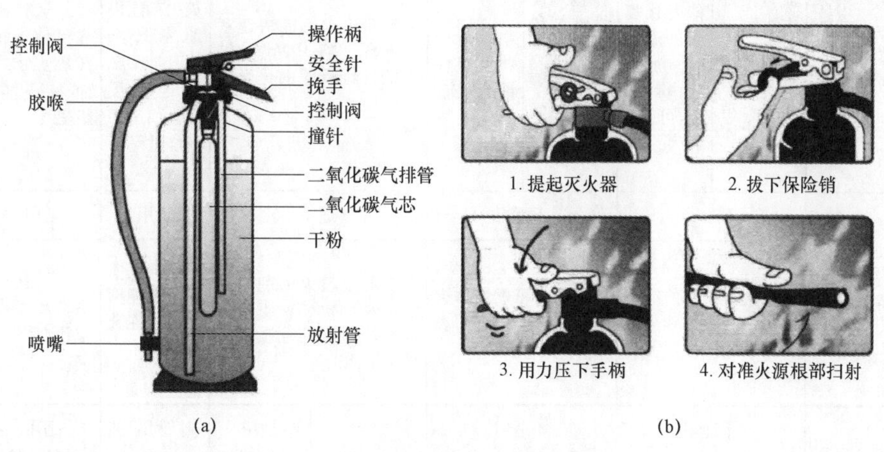

图2－4 移动式灭火器示意图

（a）灭火器结构；（b）使用方法

结合电力生产现场的燃烧物质种类，灭火器选择和配置数量，应按照DL 5027—2015《电力设备典型消防规程》要求来确定，各类灭火器适用情况见表2-4。

表2-4　　灭火器适用情况

<table>
<tr><td rowspan="3">灭火器类型</td><td colspan="4">水基型灭火器</td><td colspan="2" rowspan="2">干粉灭火器</td><td rowspan="3">洁净气体灭火器</td><td rowspan="3">二氧化碳灭火器</td></tr>
<tr><td colspan="2">水型灭火器</td><td colspan="2">泡沫灭火器</td></tr>
<tr><td>清水</td><td>含可灭B类火的添加剂</td><td>机械泡沫</td><td>抗溶泡沫</td><td>ABC类干粉（磷酸铵盐）</td><td>BC类干粉（碳酸氢钠）</td></tr>
<tr><td rowspan="2">A类（固体物质）火灾场所</td><td colspan="2">适用</td><td colspan="2">适用</td><td>适用</td><td>不适用</td><td>适用</td><td>不适用</td></tr>
<tr><td colspan="2">水能冷却并穿透火焰和固体可燃物质而灭火，并可有效地防止复燃</td><td colspan="2">具有冷却和覆盖可燃物表面并使其与空气隔绝的作用</td><td>粉剂能附着在固体可燃物的表面层，起到窒息火焰作用</td><td>碳酸氢钠对固体可燃物无黏附作用，只能控火，不能灭火</td><td>具有扑灭A类火灾的效能；洁净气体灭火器的灭火机理和适用性，与卤代烷1211灭火器类同</td><td>灭火器喷出的二氧化碳无液滴，全是气体，对扑灭A类火基本无效</td></tr>
<tr><td rowspan="2">B类（液体或可熔化固体物质）火灾场所</td><td>不适用</td><td>适用</td><td>适用</td><td>适用</td><td colspan="2">适用</td><td>适用</td><td>适用</td></tr>
<tr><td>水柱射流直接冲击油面，会激溅油火，致使火势蔓延。造成灭火困难</td><td>添加了能灭B类火的添加剂，加上喷雾功能，可灭B类火</td><td>适用于扑救非极性溶剂和油品火灾，覆盖可燃物表面，使其与空气隔绝</td><td>适用于扑救极性溶剂火灾</td><td colspan="2">干粉灭火剂能快速窒息火焰，具有中断燃烧过程的连锁反应的化学活性</td><td>洁净气体灭火剂能快速窒息火焰，抑制燃烧连锁反应，而中止燃烧过程</td><td>二氧化碳靠气体堆积在燃烧物表面，稀释并隔绝空气</td></tr>
<tr><td rowspan="2">C类（气体物质）火灾场所</td><td colspan="2">不适用</td><td colspan="2">不适用</td><td colspan="2">适用</td><td>适用</td><td>适用</td></tr>
<tr><td colspan="2">灭火器喷出的细小水流对扑灭气体火灾作用很小，基本无效</td><td colspan="2">泡沫对可燃液体火灭火有效。但扑救可燃气体火基本无效</td><td colspan="2">喷射干粉灭火剂能快速扑灭气体火焰。具有中断燃烧过程的连锁反应的化学活性</td><td>洁净气体灭火剂能抑制燃烧连锁反应，中止燃烧</td><td>二氧化碳窒息灭火。不留残迹，不污损设备</td></tr>
<tr><td rowspan="2">E类（电气设备）火灾场所</td><td colspan="2">不适用</td><td colspan="2">不适用</td><td>适用</td><td>适用</td><td>适用</td><td>适用</td></tr>
<tr><td colspan="4">灭火剂含水，导电，其击穿电压和绝缘电阻等性能指标不符合带电灭火的要求，存在电击伤人等危险</td><td colspan="4">干粉、洁净气体、二氧化碳灭火剂的电绝缘性能合格，带电灭火安全</td></tr>
</table>

续表

灭火器类型	水基型灭火器				干粉灭火器		洁净气体灭火器	二氧化碳灭火器
	水型灭火器		泡沫灭火器					
	清水	含可灭B类火的添加剂	机械泡沫	抗溶泡沫	ABC类干粉（磷酸铵盐）	BC类干粉（碳酸氢钠）		
E类（电气设备）火灾场所	灭火剂含水，导电，其击穿电压和绝缘电阻等性能指标不符合带电灭火的要求，存在电击伤人等危险				适用于扑灭带电的A类、B类、C类火	适用于扑灭带电的B类、C类火	适用于扑灭带电的A类、B类、C类火	适用于扑灭带电的B类、C类火，但不得选用装有金属喇叭喷筒的二氧化碳灭火器

注　灭火剂选用需兼顾灭火有效性、对设备及人体的影响。

4. 其他消防用具

消火栓是接通消防供水的阀门，与水龙带及其后的水枪接通，可用于扑灭室内外火灾。水枪可根据需要，选用直喷（喷射密集充实水流）、开花（既可喷射密集充实水流，又可喷射开花水，用于冷却容器外壁，阻隔辐射掩护灭火人员靠近火区）、喷雾型（直流水枪口加装一只双级离心喷雾头，喷出水雾，扑救油类火灾及油浸变压器、油断路器电气设备、煤粉系统火灾）。

（三）电力生产火灾事故及预防

1. 电力生产火灾的特点

从众多电力企业的火灾事故来看，除了雷击、物质自燃、地震等自然灾害引起的火灾外，主要都是由于各种供电设备安装使用不当，违反安全操作规程规定和用火不慎等人为因素引起的。

常见的电力企业电力生产火灾事故主要集中在变（配）电站的变压器，电抗器电缆等设备上，而这部分火灾具有以下特点：

（1）燃烧猛烈，蔓延迅速，易发生爆炸，扩大火势。

（2）火焰高，辐射热强。其火焰可高达数 10m，并对其四周产生强烈的热辐射。

（3）易形成沸溢与喷溅。

（4）易造成大面积燃烧，变压器有发生沸溢、喷溅现象，瞬间即可造成大面积燃烧，对在火场内的人员造成极大的威胁。

（5）电缆的绝缘层，可燃火势易顺着电缆蔓延，且燃烧产生有毒有害气体。

2. 电力生产火灾的主要起因

（1）违反电气安装安全规定。

1）电缆、导线选用、安装不当。

2）变电设备、用电设备安装不符合规定。

3）使用不合格的熔丝；或用铜、铁丝替代熔断器。

4）没有安装避雷装置或避雷器安装不当、接地电阻不符合要求。

5）没有安装除静电设备或安装不当。

6）没有安装剩余电流动作保护器或安装不当。

（2）违反电气使用安全规定。

1）发生短路。短路是指运用中的电气设备线路上，由于某种原因相接或相碰，阻抗突然减小，电流突然增大的现象。产生短路现象的原因主要有：导线绝缘老化，导线裸露相碰，导线与导体搭接，导线受潮或被水浸湿，对地短路，电气设备绝缘击穿，插座短路等。

2）过负荷。过负荷又称过负载或过载，是指电气设备通过的电流量超过了设备安全载流量的现象。安全载流量是电气设备允许通过而不致使设备过热的电流量。

3）接触电阻过大。接触电阻过大是指在电气设备的连接处，由于接触不良，使局部电阻过大之，致使电气设备在接线和接头等部位出现炙热的现象。

4）其他原因。电缆、电力管路未进行防火封堵或封堵不规范，PVC等管路未经防火检测；电热器接触可燃物，电气设备摩擦发热打火，静电放电，导线断裂、风偏引起的，忘记切断电源等。

工艺布置不合理，易燃物品自燃，或由设计、制造不合理、不规范等原因，通常也会引发电力设备火灾现象。

3. 预防措施

（1）技术措施。

1）防止形成燃爆的介质。这可以用通风的办法来降低燃爆物质的浓度，使它达不到爆炸极限，也可以用不燃或难燃物质来代替易燃物质。另外，也可以采用限制可燃物的使用量和存放量的措施，使其达不到燃烧、爆炸的危险限度。

2）防止产生着火源，使火灾、爆炸不具备发生的条件。应严格控制以下 8 种着火源，即冲击摩擦、明火、高温表面、自燃发热、绝缘压缩、电火花、静电火花、光热射线等。

3）安装防火防爆安全装置。例如阻火器、防爆片、防爆窗、阻火闸门以及安全阀等。

（2）组织管理措施。

1）加强对防火防爆工作的管理。企业（单位）各级领导主要负责人作为本企业（单位）消防第一责任人，要高度重视企业防火防爆工作，建立和完善本企业（单位）消防组织机构。

2）建立和完善消防安全教育和培训制度。

3）加强消防安全“四个能力”（检查消除火灾隐患能力，组织扑救初起火灾能力，组织人员疏散逃生能力，消防宣传教育培训能力）建设。

4）按规定组织开展消防安全教育培训和消防演练，提高员工火场逃生自救互救基本技能，使每个员工达到“四懂四会”。

4. 常见电气设备（场所）的防火

（1）充油电气设备防火。电力生产企业应用着大量的充油式电气设备，其设备内部的油受到强电流，造成绝缘被击穿，或在高温或电弧的作用，发热易分解析出一些易燃气体，在电弧或火花的作用下极易爆炸和燃烧，引发火灾。因此，在运行中应做到以下防火防爆注意事项：

1）不能过载运行。长期过载运行，会引起绕组发热，使绝缘逐渐老化，造成短路。

2）经常检验绝缘油质。油质应定期化验，不合格油应及时更换，或采取其他措施。

3）防止变压器铁芯绝缘老化损坏，铁芯长期发热造成绝缘老化。

4）防止因检修不慎破坏绝缘，如果发现擦破损伤，应及时处理。

5）保证导线接触良好，接触不良产生局部过热。

6）防止雷击，变压器等会因击穿绝缘而烧毁。

7）短路保护。变压器绕组或负载发生短路，如果保护系统失灵或保护定值过大，就可能烧毁变压器，为此要安装可靠的短路保护。

8）良好可靠的接地。

9）通风和冷却。如果变压器绕组导线是 A 级绝缘，其绝缘体以纸和棉纱为主。温度每升高 8℃，其绝缘寿命要减少一半左右；变压器正常温度 90℃以下运行，寿命约 20 年；若温度升至 105℃，则寿命为 7 年。变压器运行，要保持良好的通风和冷却。

（2）电缆防火。电缆火灾事故大多发生在电力生产系统，因为生产场所电缆遍布各个角落且数量众多，采用隧道或架空密集敷设，且环境恶劣，密度高且多高温。这些特殊条件下，不论是电缆本身故障产生的电弧或是电缆外部环境失火都会造成电缆起火并迅速沿其延燃，造成灾难性的后果。在生产现场发生的所有大的火灾事故，都殃及了电缆着火或是通过电缆延燃扩大了火灾事故。因此，重视电力生产现场电缆防火是十分迫切而又重要的一项安全工作。

（3）酸性蓄电池室的防火防爆。蓄电池的主要危险性在于它在充电或放电过程中会析出氢气，同时产生一定的热量。氢气和空气混合能形成爆炸气混合物，且其爆炸的上、下限范围较大（下限为 4%，上限为 75%），点火能量很小，只有 0.019mJ，极微小的明火，如腈纶衣服因摩擦而产生的静电火花，就能引起爆炸。因此蓄电池室具有较大的火灾、爆炸危险性。

酸性蓄电池室的防火防爆措施主要如下：

1）新、改、扩建蓄电池室要严格贯彻“三同时”原则，即其防火防爆措施及安全设施，必须与主体工程同时设计、同时施工、同步投入生产使用。

2）良好的通风。如自然通风不能满足通风要求时，可采用机械通风设施，并应符合防火防爆要求。

3）不允许在室内安装开关、熔断器、插座等可能产生火花的电器，电气线路应加耐酸的套管保护，穿墙的导线应在穿墙处安装瓷管，并应用耐酸材料将管口四周封堵。蓄电池的汇流排和母线相互连接处，必须采用母线，与蓄电池连接处还必须镀锡防护，以免硫酸腐蚀，造成接触电阻过大而产生火花。

4）蓄电池充电时不宜采用过大电流，以免发热过高，并必须将蓄电池组的全部加液口盖拧下，使产生的氢气可自由逸出。测定充电是否完毕，必须采用电解液化重计。室内使用的扳手等工具，应在手柄上包上绝缘层，以防不慎碰撞产生火花。

5）硫酸与一些有机物接触时会发热，可能引起燃烧。因此，蓄电池室应保持清洁，严禁在室内储存纸张、棉纱等可燃物品。

6）蓄电池室的取暖，最好使用热风设备，并设在充电室以外，将热风用专门管道输送室内。如在室内使用水暖或蒸汽采暖时，只允许安装无接缝的或者焊接的且无汽水门的暖气设备，不设法兰式接头或阀门，以防漏气、漏水。

7）蓄电池室周围 30m 内不准明火作业。充电室内需要进行焊接动火时，必须严格执行动火作业工作票制度，动火前应停止充电，并通风两小时以后经取样化验和用测爆仪测定。符合安全要求时方能动火。在焊接时必须连续通风，焊接地点与其他蓄电池应用石棉板隔离起来。

（4）油系统防火。油系统的法兰禁止使用塑料垫或橡皮垫；油管道法兰、阀门及可能泄漏部位附近不准有明火，必须明火作业时要采取有效措施。附近的热管道或其他热体保温层应坚固完整，并包好铁皮。卸油区及油灌区须有避雷、接地及防静电装置。油区的各项设施应符合防火、防爆要求，消防设施应完善，防火标志要明显，防火制度要健全，严禁吸烟，严禁将火种带进油区，严格执行防火制度、动火作业票制度。

（5）林区野外作业防火。林区野外作业容易发生森林火灾，森林火灾不仅能烧死许多树木，降低林分密度，破坏森林结构；同时还引起树种演替，向低价值的树种、灌丛、杂草更替，降低森林利用价值。由于森林烧毁，造成林地裸露，失去森林涵养水源和保持水土的作用，将引起水涝、干旱、山洪、泥石流、滑坡、风沙等其他自然灾害发生。被火烧伤的林木，生长衰退，为森林病虫害的大量衍生提供了有利环境，加速了林木的死亡。森林火灾后，促使森林环境发生急剧变化，使天气、水域和土壤等森林生态受到干扰，失去平衡，往往需要几十年或上百年才能得到恢复。森林火灾能烧毁林区各种生产设施和建筑物，威胁森林附近的村镇，危及林区人民生命财产的安全，同时森林火灾能烧死并驱走珍贵的禽兽。森林火灾发生时还会产生大量烟雾，污染空气环境。此外，扑救森林火灾要消耗大量的人力、物力和财力，影响工农业生产。森林火灾影响输配电线路的安全运行，危及电力系统安全运行，有时还造成人身伤亡，影响社会的安定。

1988 年 1 月 16 日国务院发布《森林防火条例》，我国森林防火的方针是“预防为主，积极消灭”。

森林火险等级分为五级。一级为难以燃烧的天气可以进行用火；二级为不易燃烧的天气，可以进行用火，但防止可能走火；三级为能够燃烧的天气，要控制用火；四级为容易燃烧的高火险天气，林区应停止用火；五级为极易燃烧的最高等级火险天气，要严禁一切里外用火。

森林防火期内。在林区禁止野外用火；因特殊情况需要用火的，必须严格申请批准手续，并领取野外用火许可证。

进入林区必须做到“五不准”。所谓“五不准”是指，不准在林区内乱扔烟蒂、火柴梗；不准在林区内燃放爆竹、焰火；不准在林区内烧火驱兽；不准在林区内烧火取暖、烧烤食物；不准在林区内玩火取乐。

（6）电气火灾的安全扑救。电气火灾事故与一般火灾事故有不同的特点：一是火灾时电气设备带电，若是不注意，可能使扑救人员触电；二是有的较多的电气设备充有大量的油。因此应特别注意以下几项：

1）采取断电措施，防止扑救人员触电。在火灾发生时要立即切断电源，应尽可能通知电力部门切断着火地段电源。在现场切断电源时，应就近将电源开关拉开，或使用绝缘工具切断电源线路。切断低压配电线路时，不要选择同一地点剪断，防止短路。选择断电位置要适当，不要影响灭火工作的进行。不懂电气知识的人员一般不要去切断电源。

2）选择使用不导电的灭火器具，采用二氧化碳、干粉灭火器，不能使用水溶液或泡沫灭火器材。

3）如采用水枪灭火时，宜用喷雾水枪，其泄漏电流小，对扑救人员比较安全；在不得已的情况下采用直流水枪灭火时，水枪的喷头必须用软铜线接地；扑救人员穿绝缘靴和戴绝缘手套，防止水柱泄漏电流致使人体触电。

4）使用水枪灭火，喷头与带电体之间距离：110kV 要大于 3m，220kV 要大于 5m；使用不导电的灭火器材，机体喷嘴距带电体的距离：10kV 要大于 0.4m，35kV 要大于 0.6m。

5）架空线路着火，在空中进行灭火时，带电导线断落接地，应立即划定警戒区，所有人员距接地处 8m 以外，防止跨步电压触电。

（四）日常消防管理

1. 做好消防工作基本要求

电力企业各单位要加强消防安全的管理工作，其基本要求归纳为：① 提高对消防工作重要性的认识。② 学习消防安全管理规定和防火、灭火和逃生基本知识。③ 明确法定消防安全职责、明确各级的消防安全责任、明确消防工作重点。④ 健全消防安全组织、健全各级责任制、健全消防管理规定、健全消防管理档案。⑤ 落实防火宣传、防火检查、隐患整改、灭火准备、安全奖惩五项工作。

2. 明确和落实消防安全职责

我国的消防工作按照政府统一领导、部门依法监督、单位全面负责、公民积极参与的原则，实行消防安全责任制。

机关、团体、企业、事业单位的消防安全职责。《中华人民共和国消防法》第十六条规定：机关、团体、企业、事业等单位应当履行下列消防安全职责：① 落实消防安全责任制，制定本单位的消防安全制度、消防安全操作规程，制定灭火和应急疏散预案。② 按照国家标准、行业标准配置消防设施、器材，设置消防安全标志，并定期组织检验、维修，确保完好有效。③ 对建筑消防设施每年至少进行一次全面检测，确保完好有效，检测记录应当完整准确，存档备查。④ 保障疏散通道、安全出口、消防车通道畅通，保证防火防烟分区、防火间距符合消防技术标准。⑤ 组织防火检查，及时消除火灾隐患。⑥ 组织进行有针对性的消防演练。⑦ 法律、法规规定的其他消防安全职责。

单位的主要负责人是本单位的消防安全责任人。《机关、团体、企业事业单位消防安全管理规定》第 36 条规定：单位应当通过多种形式开展经常性的消防安全宣传教育。消防安全重点单位对每名员工应当至少每年进行一次消防安全培训，提高员工的消防安全意识和自防自救能力。做到会报火警，会扑救初起火灾，会自救逃生。第38条规定对单位消防安全责任人、管理人应当接受消防安全专门培训。

《国务院关于进一步加强消防工作的意见》（十二）规定：有关行业、单位要大力加强对消防管理人员和消防设计、施工、检查维护、操作人员，以及电工、电气焊等特种作业人员、易燃易爆岗位作业人员、人员密集的营业性场所工作人员和导游、保安人员的消防安全培训，严格执行消防安全培训合格上岗制度。地方各级人民政府和有关部门要责成用人单位对农民工开展消防安全培训。

3. 加强消防安全重点单位和防火重点部位（场所）管理

消防安全重点单位。根据消防法的规定，应将发生火灾可能性较大以及发生火灾可能造成重大人身伤亡或者财产重大损失的单位，确定为消防安全重点单位。消防安全重点单位除应当履行《中华人民共和国消防法》第十六条规定的职责外，还应当履行下列消防安全职责：① 确定消防安全管理人，组织实施本单位的消防安全管理工作。② 建立消防档案，确定消防安全重点部位，设置防火标志，实行严格管理。③ 实行每日防火巡查，并建立巡查记录。④ 对职工进行岗前消防安全培训，定期组织消防安全培训和消防演练。防火重点部位（场所）。一般指油罐区、控制室、调度室、通信机房、档案室、锅炉燃油及制粉系统、汽轮机油系统、氢气系统及制氢站、变压器、电缆层（间、沟、井）及隧道、蓄电池室、开关室、电力设备间、易燃易爆物品存放场所以及各单位认定的其他部位和场所。

4. 加强消防安全“四个能力”建设

公安部在全国实施构筑社会消防安全“防火墙”工程。其目标是：以提高社会单位消防安全“四个能力”、落实政府部门消防工作责任、夯实农村社区火灾防控基础、提高公安机关消防监督管理水平为着力点，力争通过三年时间，使消防工作社会化水平明显提升，全社会消防安全环境明显改善，大火灾尤其是群死群伤火灾事故得到有效遏制。

“四个能力”分别是指提高社会单位消防安全的检查消除火灾隐患能力、扑救初级火灾能力、组织疏散逃生能力、消防宣传教育能力，其具体内容如下：

（1）检查消除火灾隐患能力：查用火用电，禁违章操作，查通道出口，禁堵塞封闭，查设施器材，禁损坏挪用，查重点部位，禁失控漏管。

（2）扑救初级火灾能力：发现火灾后，起火部位员工 1min 内形成第一灭火力量问火灾确认后，单位 3min 内形成第二灭火。

（3）组织疏散逃生能力：熟悉疏散通道，熟悉安全出口，掌握疏散程序，掌握逃生技能。

（4）消防宣传教育能力：有消防宣传人员，有消防宣传标识，有全员培训机制，掌握消防安全常识。

“四懂四会”是指：懂得岗位火灾的危险性，懂得预防火灾的措施，懂得扑救火灾的方法，懂得逃生疏散的方法；会使用消防器材，会报火警，会扑救初起火灾，会组织疏散逃生。

电力企业要加强消防安全的“四个能力”建设，普及消防安全知识，增强员工的消防安全技能。根据法律法规规定，电力企业员工应当至少每年进行一次消防安全培训。新职工上岗前，必须进行岗前消防安全知识培训，经考试合格后，方能上岗；在消防安全技术方面应达到“四懂四会”的水平。

三、交通安全常识

（一）道路交通安全的基本常识

1. 道路交通事故的危害性和道路交通安全的重要性

自 1899 年在美国纽约发生有汽车压死第一个行人以来，至 2009 年的 110 年中，全世界因道路交通事故死亡的总数已超过 3500 万人，是第一次世界大战期间死于战争人数 1700 万人的 2 倍还多。交通事故已成为危及人民群众生命和财产安全的“第一杀手”，更是一场“没有硝烟的战争”。在进入 21 世纪以来，全世界每年死于交通事故的总数都在 70 多万人，受伤人数也在 500 万人以上。道路交通事故的经济损失占全球 GDP 的 1%～2%。中国也是交通安全形势较为严峻的国家之一。在《道路交通安全法》实施的 2004 年前，每年死于道路交通事故的总数都在

10 万人以上，受伤的总数更在 50 万人以上；造成的经济 损失都在 30 多亿元人民币以上。交通事故的发生，还扰乱了正常的社会生产秩序和稳定，给人民和谐生活和生命安全带来了极大的威胁，给国家的政治声誉带来了极大的影响。

一方面，城市化、交通机动化的快速进程使我国快步进入汽车社会，道路交通迅速发展；另一方面，道路交通安全形势十分严峻，人们尚未形成与这一进程速度相匹配的社会意识，交通参与者整体交通安全观念和交通文明意识仍比较滞后，交通事故频发。据公安部交通管理局统计，近年来，全国各地交警接报事故总量高达 470 万起，其中道路交通伤亡事故 20 多万起，道路交通事故死亡人数每年在 7 万人左右，万车死亡率为 2.5%，受伤人数约 30 万人，直接经济损失超过 10 亿元，严重影响人民群众的安全感和幸福感。交通运输是国家的重要命脉，是社会的重要窗口，因此，从一定意义上来讲，交通安全是我们国家最重要的安全工作之一。

2. 常见交通事故的分类

通过交通事故分类，目的是能让我们研究和分析事故，查找事故原因，认定事故的责任，作出事故的正确处理，提出有效的防范措施。由于分析的角度不同、方法不同、要求不同，交通事故的分类也多种多样。其中可以根据性质、责任、情节、后果来分，也可以根据事故形态、对象、原因等来分。

（1）从结果来分，有特大交通事故、重大交通事故、一般交通事故和轻微交通事故四类。特大交通事故是指，一次事故造成死亡 3 人以上，或者重伤 11 人以上，或者死亡 1 人，同时重伤 8 人以上，或者死亡 2 人，同时重伤 5 人以上，或者财产损失 6 万元以上的事故。重大交通事故是指，一次造成死亡 1～2 人，或者重伤 3 人以上 10 人以下，或者财产损失 3 万元以上不足 6 万元的事故。一般交通事故是指，一次造成重伤 1～2 人，或者轻伤 3 人以上，或者财产损失不足 3 万元的事故。轻微交通事故是指，一次造成轻伤 1～2 人，或财产损失机动车事故不足 1000 元，非机动车事故不足 200 元的事故。这里所称 的财产损失是车辆、货物的直接损失，包括现场抢救（险）、人身伤亡善后处理的费用，但不包括停工、停产、停业等所造成的财产间接损失。

（2）按责任来分，有全责（100%）、同责（50%）、主责（60%～90%）、次责（10%～40%）和无责事故。

（3）从事故的原因分析，可以把交通事故分为主观原因造成的事故和客观原因造成的事故两类。主观原因是指造成交通事故的当事人本身内在的因素，如主观过失或有意违章，主要表现为违反规定、疏忽大意和操作不当等。客观原因是指车辆、环境、道路方面的不利因素引发了交通事故。客观原因在某些情况下往往诱发交通事故，特别是道路、环境、气候方面的因素。绝大多交通事故都是因当事人的主观原因造成的，客观原因占的比例较少。

（二）造成道路交通事故的原因

交通事故的发生，是有众多因素造成的，涉及面广，又错综复杂。但在诸多的因素中，归纳起来主要的因素不外乎于人、车、路环境等三个方面。以下就将道路交通事故三个主要因素，进行全方位的分析。如果每个交通行为参与人能知己知彼，全面、正确地了解和履行本人的各种职责，就能避免交通事故的发生；或能将本可避免的交通事故的损失和伤害，降低到最低的程度，这就是交通安全管理的基本要求和最终目的。

1. 人

在交通事故三个主要因素中，人的因素是最为重要的因素。这个人，包括驾驶人为主的各种交通行为参与人。

（1）驾驶人主观因素造成的交通事故。驾驶人道路交通法规未能认真学习、牢固掌握，以及未能自觉而严格地遵守，造成各类交通违章违法事故的发生，其中致人死亡占了78%以上；事故次数占了93%以上，究其主要原因有：交通法规少学不熟，遵章守法未成自觉；

安全行车意识不强，谨慎不足疏忽大意；职业道德操行欠佳，文明行车缺乏修养；性格脾气粗暴急躁，带着情绪盲目开车；驾驶技能不够精湛，运行操作防范无措；安全驾驶资历欠缺，反应迟钝判断失误；机械构造常识浅薄，知其然而不知所然；维护保养生疏懒散，车辆失保影响车况；例行检查未能履行，带着隐患擅自出车；驾驶员的心理因素，以及其他主观原因。

（2）非机动车驾驶人、行人、乘车人因素造成的交通事故。各类违法违章行为；各类意外原因。

（3）交通管理者的因素。交通安全管理部门；路政管理部门。

（4）车辆产权者的管理因素。交通安全重视程度，交通安全管理机构设置情况，交通管理人员的素质，交通安全管理制度健全程度，交通管理的投入程度。

（5）车辆修理人的因素。修理人的素质，修理的设施，汽配材料质量。

（6）交通行为人家属的因素。关心和协助程度，影响和干扰的因素。

（7）交通事故抢救机构。社会道路交通事故的发生是必然的，但如何减少和降低交通事故造成的危害及损失程度，还要靠有关单位和部门的鼎力配合，特别是医疗救护和消防灭火机构等。

（8）其他交通行为直接或间接参与人的影响。

2. 车

车辆机械故障引起的交通事故，其实质也是人为的责任事故。只要驾驶人在平时，尤其是出车前、行驶中、回场后能认真检查和维护好车辆，发现隐患及时排除，不带故障出车，一定能杜绝各类机械事故的发生。车辆故障现象繁多，但发现以下这些故障现象，绝对不能盲目出车：制动系统，转向系统，悬挂行驶系统，灯光、喇叭、雨刮器等电器系统，反光镜不齐全、功能不完善，安全带、安全气囊、遮阳板等安全防护系统不齐全、性能不良，电子安全防护系统功能不正常，燃油系统有滴漏、油管有磨损，随车安全工器具不齐全、失效，车载其他功能设施欠健全、完好，驾驶室内的工作环境，车辆存在的其他不安全因素。

3. 路及环境

（1）道路因素虽然是有关部门的职责范围，但作为驾驶员应该充分了解和应对道路功能可能出现的缺损，给我们安全行车带来各种威胁，并提前做好各种思想准备和防范措施。主要有：道路设计可能有缺陷，道路施工可能有质量问题，道路材料可能没达标，道路标志不齐全，道路安全设施不完善，道路管理力度不够，非法占用道路及设施，外力损坏道路及设施，道路上可能出现的意外障碍，道路上其他各种危险因素。

（2）环境条件也能直接影响行车安全，每个驾驶人员都要正确面对和妥善处置这些客观因素。它包括：① 气候：雨、雾、冰、雪、风、沙、洪水、光、温度，其他异常气候；② 路外环境：路外违章建筑，噪声，路边山崖、沟渠、深水等危险环境，树枝、树叶等，架空线、杆、广告等设施，其他路外危险隐患等。

（三）电力企业的道路交通安全

1. 电力企业的道路交通安全的特点

电力企业因其工作的特殊性，其道路交通安全具有以下特点：

（1）车辆种类多。随着社会、经济的快速发展，电力企业内部分工进一步细化，带电作业车、高空作业车、发电车、照明车、起重车，各种试验车、计量车、供电服务车、抢修作业车等特种车辆，以及载货车、工程车、各类型客车等，成为电力企业主要的交通运输和作业服务必不可少的工具。

（2）数量多。随着企业规模的扩大，服务要求的提高，工作条件的改善，在电力企业，车辆每个供电站和生产班组都配置了不同数量的车辆。如此数量多的车辆，在方便企业生产服务的同时，也给企业道路交通安全带来了巨大的压力。

（3）车辆分散，管理难度大。电力企业为了方便生产与服务，车辆基本上是按照场站、运维、检修和施工工区等生产、服务的班组配置使用，在管理上存在较大的难度。

（4）出车频发，单车行驶里程多。除特种车辆外，一般的生产服务和管理车辆，年平均行驶里程约 10 万 km。

（5）驾驶员流动性大，整体素质不高。随着电力企业内部用工改革，交通运输服务由本企业为主，向社会化服务转变，驾驶员队伍由职工为主，变为由车辆服务机构外聘，造成了电力企业道路交通管理机构和管理人员缩减，加之外聘驾驶员缺乏归属感，导致流动性大，整体素质不高。

2. 道路交通安全在电力企业中的重要性

道路交通运输服务于电力生产建设，其承载着电力建设和生产经营之人、材、物可靠、有序、经济、安全的运输保障任务，电力基建项目的及时投运、电力生产计划的及时执行、电力应急抢修任务的及时完成，无不需要交通运输的可靠保证，因此，电力企业道路交通安全是企业安全生产的基础，防止重特大交通事故的发生是供电企业安全生产的关键目标。

随着电力生产规模和效率的不断提升，交通运输成为电力生产和建设腾飞的翅膀，交通安全更成为企业安全生产的重要组成部分。电力企业的车辆在交通运输中，一旦发生事故，不但会发生人员的伤亡和相应的直接经济损失，许多情况下，由于随车的电力设备、器具受损，使电力抢修或电力工程施工受到延误，使电力生产受到相应的影响，这个损失更是不可估量。因此，从事电力企业交通运输人员的交通安全，不仅仅关系到交通事故本身的直接危害和损失，更涉及电力生产和社会秩序的安全。

3. 电力企业对交通安全的重视力度

电力企业的各级领导十分明确，一定要把交通安全工作摆在与主业安全生产同样重要的位置来抓。通过各种制度、规范、标准来明确各单位一把手是交通安全的第一责任人，以及明确相关部门和岗位的交通安全职责。特别是在《电力安全工作规程》中都列有明确的交通安全规范，在各时期的重要安全措施条例中都有交通安全的条款，将交通事故列为安全生产考核的重要内容，各级电力企业还将交通事故作为企业负责人业绩考核内容之一。在工作中各级管理部门能将交通安全与电力主业的安全工作同部署、同检查、同落实、同考核、同总结。由于各级领导的以身作则，做出表率，带动了各级安全行车管理人员和机驾人员都能相应地重视安全行车的各项工作，把“安全第一、预防为主、综合治理”的方针贯彻始终，使安全行车起到了实效。

4. 电力企业道路交通事故的预防

（1）提高对道路交通安全工作重要性认识。搞好电力企业道路交通安全管理，首要任务是树立“安全第一，预防为主”的意识。当前电力企业各单位任务繁重，生产压力大，工作千头万绪，但保证安全生产、重视交通安全是前提、基础性的工作，容不得半点疏忽大意，必须从根本上全员、全面、全方位地培育安全意识。特别是电力企业各级领导，要牢固树立道路交通安全是电力企业安全的重要组成部分，切实做到道路交通安全与电力安全同布置、同检查、同考核。同时，要时刻保持清醒认识，道路交通安全容不得半点马虎，根据历年电力企业道路交通安全事故，道路交通事故是造成电力企业人身伤亡事故的主要因素，在电力企业道路交通安全上，不出事则已，一出就是大事。因此，搞好企业的交通安全管理工作，努力将交通事故达到可控、能控、在控状态，是全面实现电力建设、安全运行和优质服务目标的基础和保证。

（2）健全企业内部的交通安全管理机构，明确职责。交通安全不仅仅是企业内部的安全生产，还是一个涉及社会安全的严肃问题。该项工作不是一时一事的问题。它是一场重要的、长期的、全员的安全工作。因此，它不能光凭企业内的生产运输部门或班组自我监督来实现。要根据交通法规的要求，在企业内部，必须建立一个以相关部门的领导来组成企业交通安全管理领导小组，去协调、指导和管理本单位的交通安全工作。这些部门包括：办公室、安监、生产、工会、人力资源、财务、监察、政工、后勤、综产等，实行安全行车多方配合，齐抓共管，综合治理。并制订出该机构的职责范围，赋予相应的责和权，使他们能真正有责、有权、有效地开展各项安全行车的管理工作。

1）各级领导职责。企业内的各级领导要按照道路交通安全法规的要求，建立和实施单位内部道路交通安全管理制度，教育本单位人员遵守道路交通安全法律、法规，保障交通安全经费投入。要认真承担起交通安全第一责任人的义务和职责，建立交通管理的机构和人员。要将交通安全放在与电力主业安全同样重要的位置上去加强监督、检查和考核。

2）车辆管理部门。企业内的车辆管理部门要宣传、贯彻、执行国家和公安机关颁布的各项交通安全法律、规范、方针、政策。要提出系统交通安全的管理目标，制订本单位交通安全管理的各种规章制度和实施细则。要统计和上报各类交通安全报表、组织车管干部、驾驶人员、修理人员的业务技术交流和培训活动，组织开展各类交通安全活动的竞赛和奖惩工作。要分析和总结各阶段交通安全情况，提出及制定相应的对策和措施。要配合公安机关对交通事故的调查、分析和处理，并做好事故“四不放过”的善后工作。

3）其他部门。企业内的各个部门和人员都会参与各类道路的交通活动，因此，各个部门及人员都应执行道路交通法规，履行相应的义务。这些部门包括生产、基建、人力资源、思想政治工作、财务、监察、企业管理、工会、行政后勤等。只有企业内部全方位都来关注和支持交通安全这项工作，才能将企业的交通安全纳入全面、规范、有序、科学的管理轨道。这些义务主要是应该履行各项交通法规，密切配合交通安全分管部门的管理，对本部门员工进行交通法规的宣传和教育，阻止和举报各类违反交通法规的行为，努力抑制本部门违反交通法规的行为和各类交通事故，维护本部门正常的生产和工作秩序。

4）驾驶人员。企业内的各类驾驶员应熟悉和严格遵守各项交通法规及企业交通管理制度，坚持文明行车，礼貌待人，加强驾驶员职业道德建设。自觉执行机动车辆的操作规程和例行保养，确保行车安全。树立为电力生产服务的观念，服从车辆调度，配合用车部门的工作需要。严格按任务单出车，不得私自出车，不得无故绕道行驶，不得无故延时返队，不得在非指定地点停驻车辆，不准将车辆交与他人驾驶。认真做好车辆的出车前、行驶中、回场后的“三查”工作，发现车辆缺陷尤其是危及行车安全的故障，应及时排除，或报告领导，填写报修单及时报修，不开故障车，杜绝机械事故的发生。发生交通事故后，应立即报警，并保护现场，积极抢救伤员和货物，尽快报告本单位有关领导。驾驶员要努力掌握机动车的机械技术知识，降低油耗，节约材料，提高车辆利用率。要努力提高安全行车的技能，为电力生产提供安全、优质、高效的运输服务。

5）汽车修理工。企业内的汽车修理工要有良好的职业道德，努力掌握机动车修理技能，全心全意地为企业的机动车检查、保养、修理服务。应有较强的安全责任感，确保被修车辆具有良好的技术状态，杜绝检修过的机动车在规定周期内发生不应该的机械事故。要积极做好驾驶员安全行车的配角，主动协助驾驶员发现和排除机动车辆的各种故障隐患，正确认识被修车辆的机械事故责任。要不断学习和提高机动车辆检修的技术理论及实践经验，严格按照 GB 7258—2012《机动车运行安全技术条件》要求进行检修。应坚持“应修必修、修必修好”的原则，对被修的零部件实行“能修则修、不能则换”的节约方针，确保机动车辆能安全运行。应能严格遵守操作规程，正确使用各种工器具和劳动保护用品，防范各种触电、火灾和伤害事故，确保人身和设备安全。把好修复后的质量检验关，履行检验合格的交付使用手续。

6）其他员工。企业内的其他员工应严格遵守各类交通法规和本单位的交通安全管理制度，服从交通管理人员的指挥。无论在社会道路还是企业内的道路，都应当在人行道内行走，没有人行道的靠路边行走，不得在高速公路行走。从人行横道横过道路时，要在确保安全的情况下通过。乘坐机动车，不得携带易燃易爆等危险物品，不得向车外抛洒物品，不得将身体任何部分伸出车外，不得跳车，不得有影响驾驶人安全驾驶的行为，不得有其他违章行为搭乘车辆。不得醉酒驾驶自行车和电动自行车。努力做到不伤害自己、不伤害他人、不被他人伤害。

（3）完善企业内部的交通安全管理制度。切实有效的安全行车管理制度，是管住、卡住、压住交通事故的可靠保障。为使广大机驾人员的各种行为都能有章可循，各种考核有据可查，要把制订和完善各类交通安全管理的规章制度，作为一项重要工作来抓。这一整套规章制度包括：车辆的购置、检修、验收、保养、操作、使用、停放、报废、油材料管理，以及驾驶员的学习、培训、聘借、调度、竞赛、考核、评审、奖惩等。并积极开展危险点预控和国际上最新型的安全性评价等方法，来管理企业内部的交通安全管理工作。特别是在管理制度上要不断开拓创新，深挖管理潜力，制订各种科学、有效的管理制度和措施，并要加强管理力度，使它能得到具体的贯彻和落实。要加强制度建设，提高制度执行力。要把“安全第一、预防为主、综合治理”作为最基本的方针，将安全管理工作摆在首位，纳入目标管理，列到议事日程，经常针对安全生产中出现的一些问题，切实加以解决。认真考核，实行一票否决制度，一级抓一级，单位一把手与各部门领导签订安全生产目标任务书。强调各部门负责人要对本部门的安全生产工作负责，并形成一个全方位、分层次管理的安全责任网络。要深化交通安全反事故、反违法、反违章工作，建立日常监督考核及奖惩并重的违章治理机制，严肃查处各类有损交通安全的不良行为，推动各项制度在基层有效执行，促进安全管理水平提升。要建立健全交通安全风险管理机制，建立持续动态的危害因素识别与风险评估机制，开展全员、全过程风险识别活动，切实加强对设备、人员、环境变更时的风险管理。要根据风险识别的结果，制定并落实 HSE 风险削减措施，所有风险都要做到有识别、有分析、有措施、有检查，力争全过程受控。要大力开展安全隐患排查治理工作，完善和落实隐患排查治理制度，健全交通安全隐患识别、评估、治理管理程序，使隐患排查治理走向制度化、经常化、规范化，确保治理效果。

（4）严把驾驶员准入关。建设和谐交通是构建和谐社会的一项重要内容，具有高度安全意识的驾驶员、性能良好的机动车、优良的道路交通秩序、高效的具体管理能力共同组成了和谐交通。在这些因素中，驾驶员的素质是重中之重。每年数以万计的新驾驶员开车上路，他们既缺乏过硬的驾驶技能，又缺少对道路交通安全的深刻认识，成为交通事故的主要肇事者。据不完全统计，驾龄在 3 年以内的新驾驶员引发的道路交通事故占总数的 50%以上，碰擦、追尾等常见事故有 80%为新驾驶员酿成。因此，企业在招聘驾驶员时，必须充分考虑到上述实际情况，一般应要求具有 3 年及以上安全行车年资，并进行严格的理论和实际驾驶技能的考试考核，严把驾驶员准入关。

（5）加强教育培训，努力提高驾驶员队伍的整体素质。随着道路交通迅速发展，但是交通参与者整体交通安全观念和交通文明意识仍比较滞后，特别是驾驶员队伍素质不高，不文明驾驶、陋习多，闯红灯、超速、超载、酒后驾驶、疲劳驾驶、操作不当、违反禁令标志和禁止标线通行等，是导致交通事故多发的主要原因。据公安部交管局统计，近年来，每年全国各地交警接报事故总量高达 470 万起，其中 80%以上的事故是因交通违法导致。因此，提高驾驶员队伍的整体素质，是防止交通事故发生的关键。

1）加强驾驶员职业道德教育。通过举办典型交通事故案例分析和交通安全图片展等形式，对驾驶员进行职业道德和安全行车教育，倡导文明行车，摒弃行车“陋习”，着力提高驾驶员自觉遵守交通法规的意识和自觉性，努力营造人人讲安全、自觉维护交通安全的良好氛围。

2）加强驾驶员的驾驶技能培训。通过举办不同形式、不同内容的安全驾驶技术提高班，学习道路交通法规、交通安全心理学、交通事故的预防和处理、车辆机务知识、车队和班组管理实务、安全驾驶的经验和教训等。同时，组织开展安全行车竞赛和交通技能比武活动，提高驾驶人员的业务技能和驾驶员队伍的整体素质，有效地避免和减少各类交通事故的频发。

（6）强化车辆的安全检查。要加强对各类机动车辆的检查和维护，努

力保障车辆安全技术状况良好，符合 GB 7258—2012《机动车辆安全运行技术条件》。特别是要加强检查制动、方向、灯光、喇叭、雨刷器、悬挂系统等直接危及行车安全的系统、部件，发现隐患立即排除，决不带故障出车。要求驾驶员加强交通安全的出车前、行驶中、回库后的“三查”和定期检查维护工作，做到状态检修消缺与预见性检查 维护相结合，同时及时根据累计行驶里程和运行时间对车况进行评估，及时安排整车或专项深度恢复，确保车况受控。管理部门要经常开展定期的检查和突击抽查，促使广大驾驶人员能自觉地做好各项车辆维护和保养工作，有效地杜绝各类机械事故的发生。

（7）要常抓各类交通安全竞赛活动。要努力培养和激发广大驾驶员对安全行车的荣誉感，为广大驾驶员营造继续不断学习和钻研安全行车技能的氛围，构建安全行车本能的竞技平台。要经常组织和开展各种安全行车的竞赛活动，召开各种不同规模的安全行车技能比武，让广大驾驶员都能尽力展示和交流安全驾驶的本领、车辆保养及故障排除的技能。常抓各类交通安全竞赛活动，既交流了安全行车的经验，也提高了安全行车的可靠性。

（8）从抓违章着手来控制事故的发生。违章违法是事故的先兆，抓事故就要从抓违章着手，努力将事故遏制在违章违法之前。为了进一步加强对机动车辆驾驶人员的安全监察力度，要制订交通安全检查的各种办法，充分利用交通安全管理的网络和人员，将交通安全监察工作制度化、常态化和规范化。交通管理人员要经常深入基层检查，重心下沉，防范前移，将定时检查、专项检查、随时抽查、交叉检查、内部检查、自我检查等形式有机地结合起来，营造强大的检查阵势，使各类事故苗子暴露无遗。不但检查各类违章违法现象，也要认真排查和整改各种交通安全隐患，提高安全行车的可靠性。通过各类检查，将发现的各类违章现象和事故倾向，及时召开研讨会，进行认真、仔细的研究和分析，提出各种相应的管理对策和举措，及时将各种交通事故的苗子，抑制在违章违法的萌芽状态。

（9）运用科技手段，强化车辆运行监控。运用车辆 GPS 管理平台，在车辆上安装 GPS，实时监控车辆运行状况，对违章超速、不按规定路线行驶等违章行为及时查处。实践证明，通过运用科技信息手段，强化监督考核，完善行车记录，有效地加强了运行车辆的“零距离”管理，超速行驶的车辆大幅度下降，规范了驾驶员的驾车行为，促进了交通运输安全。

（10）根据季节性特点，制定相应的行车危险点预控及防范措施。由于季节性不同，气候条件差异较大，对车辆行驶要求不尽相同，特别是恶劣气候环境是造成道路交通事故的重要因素。据统计，恶劣气候环境条件下发生道路交通事故概率比平常高出许多，而且此类交通事故性质都比较严重，所以驾驶人不但要遵守交通法规，同时要熟悉恶劣气候环境对驾驶的影响和掌握相应的措施，保证在面对恶劣气候环境时有驾驭各种局面的本领。因此，各单位要对恶劣气候环境给予高度重视，必须根据恶劣气候环境，有针对性地做好预防措施，从而确保行车安全。

根据以往经验，做好以下情况下的行车安全防范是供电企业防范交通事故的重点，需制定相应的防范措施，并使每个驾驶员牢记和掌握。

1）冰雪天。冰雪天路面滑，地面附着力下降，车辆的制动、操控性和稳定性都大幅下降，容易发生侧滑、翻车、追尾、碰擦等事故。

2）雨雾天。雨天驾驶时视线不良，路面附着系数低，雷雨时会对车辆和车上人员造成雷击威胁；雾天能见度差，特别是浓雾时会严重影响视线，危及行车安全。容易发生追尾、碰擦等事故。

3）台风天。台风天最明显的特征是狂风暴雨，路面积水，给车辆操纵稳定性带来极大危险，此时，人、车、物体都随时会发生不确定因素。同时，台风期间也是电力抢修繁忙的时候，出车频繁，容易出现疲劳驾驶，发生侧滑、翻车、追尾、碰擦、车辆进水损坏发动机等事故。

4）春夏天。春暖花开，夏日炎炎，人们在此气候条件下行车极易产生“春困”和“夏乏”，也是春夏交通事故多发的主要原因。同时，夏季也是用电高峰，事故抢险频繁，也加大了出车频率，容易出现疲劳驾驶；另外，车辆长时间开空调、车辆线路老化、外裸过载等，也容易引发车辆自然事故等。

5）山区和泥泞道路。山区道路崎岖狭窄，道路状况复杂，如遇雨雪天，道路泥泞，极易造成车辆侧滑和翻车事故。

6）吊装作业。超载起吊，物件绑扎不牢固，吊车不平稳或支腿不对称，在带电区域、变电站内工作，未按规定挂好车用接地线或吊臂与带电体足够的安全距离等引发吊车倾覆、吊物砸人、触电等事故。

（11）对道路交通事故发生后要做到“四不放过”。发生道路交通事故后，肇事者在受到交通监理处分的同时，企业内部还要严格按照事故原因不查明不放过；事故责任人及周围人员未受到教育不放过；事故责任人未追究不放过；事故善后措施不落实不放过，即事故“四不放过” 的原则进行处理。特别是要严格履行企业内部的安全行车考核规定，对违章肇事者决不心慈手软，姑息迁就。发生特大交通事故后，企业内部要立即成立事故临时处理小组，加强对事故的善后处理。对各类典型和严重的交通事故要在相应的范围内通报，使一家付出的昂贵“学费”，让大家受到深刻的“免费”教育，不能让同样的交通事故在同一个单位或同一个系统重现，也不能让类似的交通事故在系统内频发。

5. 道路交通事故的处置

（1）驾车遇到险情时紧急处置的原则。当驾驶员在驾车途中遇到交通险情时，应当依照以下 6 条原则进行紧急处置。

1）遇险情，要冷静。驾驶员在驾车途中遇到交通险情时，无论遇到任何一种险情，都必须保持清新的头脑.及时正确地判明情况，采取准确无误的避让措施，万万不可惊慌失措。慌乱之中，容易操作失当，加剧险情，导致交通事故的发生。

2）宁损物，不伤人。人的生命是最为宝贵的，不让他人的生命安全受到伤害，是每个驾驶员所必须具备的职业道德。当驾驶员在驾车途中遇到交通险情时，应当首先考虑的是不让他人受伤害。当人员、物资、车辆同时遭到险情的威胁时，应采取宁损车物不伤人的策略。

3）就轻损，避重害。机动车在道路行驶中遇到险情必须紧急处置时，发现将有几方面同时受到危害时，应根据刑法中的关于紧急避险的规定，选择向事故损害最轻的方面避让，力争将人员伤亡和财物损失降到最低限度。

4）措施准、动作稳。驾驶员在驾车途中遇到交通险情时，采取的避险措施应准确无误，不能犹豫不决，拖泥带水，每个动作都要力求一次到位。因为险情造成的时间是十分短暂的，没有回旋的余地。只有靠精确、果敢、稳妥的避险措施，才能有效地避免或减少事故的伤害。

5）先方向，后制动。机动车在道路行驶中遇到险情，不能盲目地先踩制动踏板。因为车辆在行驶中有较大的惯性或离心力，尤其是弯道、雨雪天，如果立即猛踩制动踏板，车辆容易横滑或侧翻。应在准确判明险情的基础上，立即松油门减速，同时打方向避开危险点再采取相应的制动措施。

6）先他人、后自己。机动车在道路行驶中遇到险情时，每个驾驶员都应该首先想到把安全让给别人，将危险留给自己，这是所有机动车驾驶员都应具备的思想素质。无论遇到何种情况，都应先顾及他人的生命安全，不可擅离职守，更不能为了保全自己而置他人的安危于不顾。特别是，当在市镇街区、人口稠密地段发现机动车着火以及可能爆炸的危险时刻，驾驶员必须具有自我牺牲的精神，迅速将车辆开至空旷开阔的地方，以避免更大范围和规模的伤害。

（2）道路交通事故发生后的现场处理程序如下：

1）发生交通事故后，驾驶员和企业随车人员应头脑冷静，立即报警。

2）保护现场，在来车方向设置警告标志。在高速公路上，应当在事故车来车方向 150m 以外设置警告标志。

3）要积极抢救伤员，移动一些有事故分析价值的伤员和物品时，要做上一些标记。

4）车上人员应当迅速转移到右侧路肩、紧急停车带或者应急车道内。

5）要尽快报告本单位领导和有关人员。

6）要及时报告本车投保的保险公司，告知本车号码信息、出险的具体地点、时间、事故大致情况等。

7）认真配合公安交通管理机关的调查和询问。

（四）海上交通安全

1. 海上交通船管理

海上交通船管理要按照《中华人民共和国水污染防治法》《中华人民共和国港口法》《中华人民共和国船舶登记条例》《防止船舶污染海域管理条例》《中华人民共和国船舶和海上设施检验条例》《中华人民共和国船舶登记条例》《危险化学品安全管理条例》《中华人民共和国船员条例》《中华人

民共和国船舶最低安全配员规则》《中华人民共和国水上水下施工作业通航安全管理规定》等法律法规、部门规章执行，并应符合海事部门的管理要求。

（1）施工运输应根据施工海域气象、水文、航道等资料，确定合适的航线和运输时段，应与交通主管部门、海事部门进行沟通协调，取得批准。

（2）设备海上运输前，应对气象、海况进行调查，及时掌握短期预报资料，选择合适的运输时间，规避大风大浪、暴雨情况下的运输；船舶航行作业的气象、海况控制条件应根据船舶配置情况及性能、设备技术等综合考虑后确定。

（3）施工作业前，应对施工作业区进行扫海，供施工船舶和过往船只使用，保障船舶航行安全。

（4）构件装驳前应制定装驳方案。

（5）构件装驳应按布置图将构件装放在指定位置，并应根据构件种类、工况条件等对构件进行封固。驳船甲板上应留有通道和必要的船员工作场地。

（6）运输前应对运输沿线的航道水深、航道宽度、暗礁、浅点、渔网和水产养殖区等进行勘察，并在海图上标明。

（7）进出港航道富裕水深应大于 0.5m，航道宽度应大于 2 倍的拖轮长度。

（8）驳船装载不得超宽、超载或偏载。

2. 海上人员运输

（1）船上应按核定的载人数量运送员工上下班，不得超载；超过载核人数，船长有权拒绝开船。

（2）交通船上严禁装运和携带易燃易爆、有毒有害等危险物品，如因工作急需需要携带者应事先与船长联系并进行妥善处理，严禁人货混装。

（3）上下船人员必须穿好救生衣。

（4）交通船接放缆绳的船员必须穿好救生衣，站在适当位置，待船到位靠稳后拴牢缆绳，搭好跳板，并做好人员上下船的保护，以防不测。

（5）采用吊笼上下船时，人员须双手抱紧吊笼绳索。

（6）乘坐交通船的员工必须自觉遵守乘船规定，听从指挥，待船靠稳拴牢后依次上下，不得抢上抢下或船未靠稳后就跳船，不得站立和骑坐在船头、船尾或船帮处；严禁擅自跨越上下船或酒后登船。

（7）非驾驶人员禁止进入驾驶台，严禁随意乱动船上一切救生、消防等设施；严禁非驾驶人员擅自操作。

（8）交通船上严禁随地吐痰，吸烟到指定区域吸烟。烟蒂、纸屑应放箱内，自觉搞好环境保护工作。

3. 海上设备及材料运输

（1）装载设备及材料运输的交通船，必须按核定吨位装载，不得超载和偏载；装载的设备、料具应摆放平稳均匀，并捆绑牢靠。

（2）交通船上应设有安全应急通道，船舱两侧通道畅通，并严禁堆放任何物品，同时应做好冬季防冻、防滑工作。

（3）遇有六级以上大风和大雾、雷雨、风暴等恶劣天气时，禁止施工交通船进行水上作业，按照各施工交通船抗风等级避风。

第三节　安全生产基本技能

一、电力安全标识

（一）安全色

安全色显示不同的安全信息，通过安全标志的不同颜色告诫人们执行相应的安全要求，以防止事故的发生。安全色与热力设备管道及电气母线涂色的作用、规定是完全不同的，两者不应混淆。用红、黄、蓝、绿四种颜色分别表示禁止、警告、指令、提示的信息。对比色是黑白两种颜色，红、蓝、绿的对比色是白色，黄色的对比色是黑色。

由于红色引人注目，视认性极好，常用于紧急停止和禁止信息。用红色和白色条纹组成，特别醒目，常用来表示禁止。黄色对人眼的明亮度比红色还要高，常用来传递人们接受警告或引起注意的信息。用黄色和黑色组成的条纹，使人眼产生最高的视认性，能引起人们警觉，常用来作警告色。蓝色，尤其在太阳光照耀下，非常明显，适宜做传递指令信息。绿色跃入眼帘，心里产生舒适、恬静、安全感，宜作传递信息情况是安全的信息。

安全色所表示的含义及用途如表 2-5。

表 2-5　　安全色的含义及用途

颜色	含义	用途举例
红色	禁止停止	禁止标志，停止标志：机器、车辆上的紧急停止手柄或按钮，以及禁止人们触动的部位
	红色也表示防火	
蓝色	指令必须遵守的意思	指令标志；如必须佩戴个人防护用品
黄色	警告注意	警告标志，警戒标志
绿色	安全状态	提示标志，消防设备和其他安全防护设备的位置

安全的使用部位很多，安全标志牌、交通标志牌、防护栏杆、机器上禁动部位、紧急停止按钮、安全帽、吊车、升降机、行车道中线等处，都应该涂刷相应的安全色。

（二）安全标志

安全标志是用以表达特定安全信息的标志，由图形符号、安全色、几何形状（边框）和文字构成。安全标志分禁止标志、警告标志、指示标志、提示标志四大基本类型。

禁止标志是用以表达禁止或制止人们不安全行为的图形标志。

禁止标志牌的基本形式是一长方形衬底牌，上方是禁止标志（带斜杠的圆边框），下方是文字辅助标志（矩形边框）。长方形衬底色为白色，带斜杠的圆边框为红色，标志符号为黑色。辅助标志为红底白色、黑体字、字号根据标牌尺寸、字数调整。

警告标志是用以表达提醒人们对周围环境引起注意，以避免可能发生危险的图形标志。

警告标志牌的基本形式是一长方形衬底牌，上方是警告标志（正三角形边框)，下方是文字辅助标志（矩形边框）。长方形衬底色为白色，正三角形边框底色为黄色，边框及标志符号为黑色，辅助标志为白底黑字、黑体字、字号根据标牌尺寸、字数调整。

指示标志是用以表达强制人们必须做出某种动作或采取防范措施的图形标志。

指令标志牌的基本形式是一长方形衬底牌，上方式指示标志（圆形边框），下方是辅助标志（矩形边框），长方形衬底色为白色，圆形边框底色为蓝色，标志符号为白色，辅助标志为蓝底白字、黑体字、字号根据标志牌尺寸、字数调整。

提示标志是用以表达向人们提供某种信息（如标明安全设施或场所等）的图形标志。

指示标志牌的基本形式是一正方形衬底牌和相应文字。衬底色为绿色，标志符号为白色，文字为黑色（白色）黑体字，字号根据标志牌尺寸、字数调整。

移动式安全标志可用金属板、塑料板、木板制成。固定式安全标志，可直接画在墙壁或机具上。但有触电危险场所的标志牌，必须用绝缘材料制成。

安全标志牌，应挂在需要传递信息的相应部位且又十分醒目处，门窗等可移动物体上不得悬挂标志牌，以免这些物体移动，人们看不到安全信息。

禁止标志图例见表 2-6，警告标志图例见表 2-7，指令标志、图例见表 2-8。

表 2-6　　禁止标志图例

标志	名称	说明
	禁止吸烟 No smoking	有甲、乙、丙类火灾危险物质的场所和禁止吸烟的公共场所等，如：木工车间、油漆车间、沥青车间、纺织厂、印染厂等

续表

标志	名称	说明
	禁止烟火 No burning	有甲、乙、丙类火灾危险物质的场所，如面粉厂、煤粉厂、焦化厂、施工工地等
	禁止带火种 No kindling	有甲类火灾危险物质及其他禁止带火种的各种危险场所，如炼油厂、乙炔站、液化石油气站、煤矿井内、林区、草原等
	禁止用水灭火 No extinguishing with water	生产、储运、使用中有不准用水灭火的物质的场所，如变压器室、乙炔站、化工药品库、各种油库等
	禁止放置易燃物 No laying inflammable thing	具有明火设备或高温的作业场所，如：动火区，各种焊接、切割、锻造、浇注车间等场所
	禁止堆放 No stocking	消防器材存放处，消防通道及车间主通道等
	禁止启动 No starting	暂停使用的设备附近，如：设备检修、更换零件等

续表

标志	名称	说明
	禁止合闸 No switching on	设备或线路检修时，相应开关附近
	禁止转动 No turning	检修或专人定时操作的设备附近
	禁止叉车和厂内机动车辆通行 No access for fork lift trucks and other industrial vehicles	禁止叉车和其他厂内机动车辆通行的场所
	禁止乘人 No riding	乘人易造成伤害的设施，如：室外运输吊篮、外操作载货电梯框架等
	禁止靠近 No nearing	不允许靠近的危险区域，如：高压试验区、高压线、输变电设备的附近
	禁止入内 No entering	易造成事故或对人员有伤害的场所，如：高压设备室、各种污染源等入口处

续表

标志	名称	说明
	禁止推动 No pushing	易于倾倒的装置或设备，如车站屏蔽门等
	禁止停留 No stopping	对人员具有直接危害的场所，如：粉碎场地、危险路口、桥口等处
	禁止通行 No throughfare	有危险的作业区，如：起重、爆破现场，道路施工工地等
	禁止跨越 No striding	禁止跨越的危险地段，如：专用的运输通道、带式输送机和其他作业流水线，作业现场的沟、坎、坑等
	禁止攀登 No climbing	不允许攀爬的危险地点，如：有坍塌危险的建筑物、构筑物、设备旁
	禁止跳下 No jumping down	不允许跳下的危险地点，如：深沟、深池、车站站台及盛装过有毒物质、易产生窒息气体的槽车、贮罐、地窖等处

续表

标志	名称	说明
	禁止伸出窗外 No stretching out of the window	易于造成头、手伤害的部位或场所，如公交车窗、火车车窗等
	禁止倚靠 No leaning	不能依靠的地点或部位，如列车车门、车站屏蔽门、电梯轿门等
	禁止坐卧 No sitting	高温、腐蚀性、塌陷、坠落、翻转、易损等易于造成人员伤害的设备设施表面
	禁止蹬塌 No steeping on surface	高温、腐蚀性、塌陷、坠落、翻转、易损等易于造成人员伤害的设备设施表面
	禁止触摸 No touching	禁止触摸的设备或物体附近，如：裸露的带电体，炽热物体，具有毒性、腐蚀性物体等处
	禁止伸入 No reaching in	易于夹住身体部位的装置或场所，如有开口的传动机、破碎机等

续表

标志	名称	说明
	禁止饮用 No drinking	禁止饮用水的开关处，如：循环水、工业用水、污染水等
	禁止抛物 No tossing	抛物易伤人的地点，如：高处作业现场，深沟（坑）等
	禁止戴手套 No putting on gloves	戴手套易造成手部伤害的作业地点，如：旋转的机械加工设备附近
化纤	禁止穿化纤服装 No putting on chemical fibre clothings	有静电火花会导致灾害或有炽热物质的作业场所，如：冶炼、焊接及有易燃易爆物质的场所等
	禁止穿带钉鞋 No putting on spikes	有静电火花会导致灾害或有触电危险的作业场所，如：有易燃易爆气体或粉尘的车间及带电作业场所
	禁止开启无线移动通信设备 No activated mobile phones	火灾、爆炸场所以及可能产生电磁干扰的场所，如加油站、飞行中的航天器、油库、化工装置区等

续表

标志	名称	说明
	禁止携带金属物或手表 No metallic articles or watches	易受到金属物品干扰的微波和电磁场所，如磁共振室等
	禁止佩戴心脏起搏器者靠近 No access for persons with pacemakers	安装人工起搏器者禁止靠近高压设备、大型电机、发电机、电动机、雷达和有强磁场设备等
	禁止植入金属材料者靠近 No access for persons with metallic implants	易受到金属物品干扰的微波和电磁场所，如磁共振室等
	禁止游泳 No swimming	禁止游泳的水域
	禁止滑冰 No skating	禁止滑冰的场所
	禁止携带武器及仿真武器 No carrying weapons and emulating weapons	不能携带和托运武器、凶器和仿真武器的场所或交通工具，如飞机等

续表

标志	名称	说明
	禁止携带托运易燃及易爆物品 No carrying flammable and explosive materials	不能携带和托运易燃、易爆物品及其他危险品的场所或交通工具，如火车、飞机、地铁等
	禁止携带托运有毒物品及有害液体 No carrying poisonous materials and harmful liquid	不能携带托运有毒物品及有害液体的场所或交通工具，如火车、飞机、地铁等
	禁止携带托运放射性及磁性物品 No carrying radioactive and magnetic materials	不能携带托运放射性及磁性物品的场所或交通工具，如火车、飞机、地铁等

表 2-7　　警告标志图例

标志	名称	说明
	注意安全 Warning danger	易造成人员伤害的场所及设备等
	当心火灾 Warning fire	易发生火灾的危险场所，如：可燃性物质的生产、储运、使用等地点
	当心爆炸 Warning explosion	易发生爆炸危险的场所，如易燃易爆物质的生产、储运、使用或受压容器等地点

续表

标志	名称	说明
	当心腐蚀 Warning corrosion	有腐蚀性物质（GB 12268－2005中第 8 类所规定的物质）的作业地点
	当心中毒 Warning poisoning	剧毒品及有毒物质（GB 12268－2005中第6类第1项所规定的物质）的生产、储运及使用地点
	当心感染 Warning infection	易发生感染的场所，如：医院传染病区；有害生物制品的生产、储运、使用等地点
	当心触电 Warning electric shock	有可能发生触电危险的电器设备和线路，如：配电室、开关等
	当心电缆 Warning cable	有暴露的电缆或地面下有电缆处施工的地点
	当心自动启动 Warning automatic start－up	配有自动启动装置的设备
	当心机械伤人 Warning mechanical injury	易发生机械卷入、轧压、碾压、剪切等机械伤害的作业地点
	当心塌方 Warning collapse	有塌方危险的地段、地区，如：堤坝及土方作业的深坑、深槽等

续表

标志	名称	说明
	当心冒顶 Warning roof fall	具有冒顶危险的作业场所，如：矿井、隧道等
	当心坑洞 Warning hole	具有坑洞易造成伤害的作业地点，如：构件的预留孔洞及各种深坑的上方等
	当心落物 Warning falling objects	易发生落物危险的地点，如：高处作业、立体交叉作业的下方等
	当心吊物 Warning overhead load	有吊装设备作业的场所，如：施工工地、港口、码头、仓库、车间等
	当心碰头 Warning overhead obstacles	有产生碰头的场所
	当心挤压 Warning crushing	有产生挤压的装置、设备或场所，如自动门、电梯门、车站屏蔽门等
	当心烫伤 Warning scald	具有热源易造成伤害的作业地点，如：冶炼、锻造、铸造、热处理车间等
	当心伤手 Warning injure hand	易造成手部伤害的作业地点，如：玻璃制品、木制加工、机械加工车间等

续表

标志	名称	说明
	当心夹手 Warning hands pinching	有产生挤压的装置、设备或场所，如自动门、电梯门、列车车门等
	当心扎脚 Warning splinter	易造成脚部伤害的作业地点，如：铸造车间、木工车间、施工工地及有尖角散料等处
	当心有犬 Warning guard dog	有犬类作为保卫的场所
	当心弧光 Warning arc	由于弧光造成眼部伤害的各种焊接作业场所
	当心高温表面 Warning hot surface	有灼烫物体表面的场所
	当心低温 Warning low temperature/freezing conditions	易于导致冻伤的场所，如：冷库、气化器表面、存在液化气体的场所等
	当心磁场 Warning magnetic field	有磁场的区域或场所，如高压变压器、电磁测量仪器附近等
	当心电离辐射 Warning ionizing radiation	能产生电离辐射危害的作业场所，如：生产、储运、使用 GB 12268－2005 规定的第 7 类物质的作业区

续表

标志	名称	说明
	当心裂变物质 Warning fission matter	具有裂变物质的作业场所，如：其使用车间、储运仓库、容器等
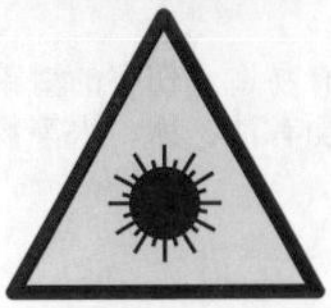	当心激光 Warning laser	有激光产品和生产、使用、维修激光产品的场所（激光辐射警告标志常用尺寸规格见附录 B）
	当心微波 Warning microwave	凡微波场强超过 GB 10436、GB 10437 规定的作业场所
	当心叉车 Warning fork lift trucks	有叉车通行的场所
	当心车辆 Warning vehicle	厂内车、人混合行走的路段，道路的拐角处，平交路口；车辆出入较多的厂房、车库等出入口
	当心火车 Warning train	厂内铁路与道路平交路口，厂（矿）内铁路运输线等
	当心坠落 Warning drop down	易发生坠落事故的作业地点，如：脚手架、高处平台、地面的深沟（池、槽）、建筑施工、高处作业场所等
	当心障碍物 Warning obstacles	地面有障碍物，绊倒易造成伤害的地点

续表

标志	名称	说明
	当心跌落 Warning drop(fall)	易于跌落的地点，如：楼梯、台阶等
	当心滑倒 Warning slippery surface	地面有易造成伤害的滑跌地点，如：地面有油、冰、水等物质及滑坡处
	当心落水 Warning falling into water	落水后有可能产生淹溺的场所或部位，如城市河流、消防水池等
	当心缝隙 Warning gap	有缝隙的装置、设备或场所，如自动门、电梯门、列车等

表 2-8　　　　指令标志图例

标志	名称	说明
	必须带防护眼镜 Must wear protective goggles	对眼睛有伤害的各种作业场所和施工场所
	必须佩戴遮光护目镜 Must wear opaque eye protection	存在紫外、红外、激光等光辐射的场所，如电气焊等
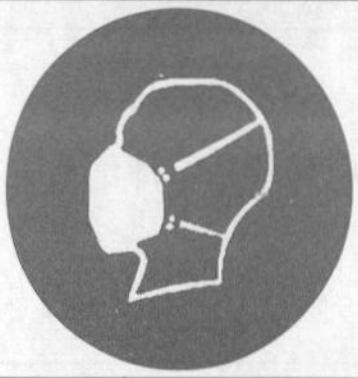	必须戴防尘口罩 Must wear dustproof mask	具有粉尘的作业场所，如：纺织清花车间、粉状物料拌料车间以及矿山凿岩处等

续表

标志	名称	说明
	必须戴防毒面具 Must wear gas defence mask	具有对人体有害的气体、气溶胶、烟尘等作业场所，如：有毒物散发的地点或处理由毒物造成的事故现场
	必须戴护耳器 Must wear ear protector	噪声超过 85dB 的作业场所，如：铆接车间、织布车间、射击场、工程爆破、风动掘进等处
	必须戴安全帽 Must wear safety helmet	头部易受外力伤害的作业场所，如：矿山、建筑工地、伐木场、造船厂及起重吊装处等
	必须戴防护帽 Must wear protective cap	易造成人体碾烧伤害或有粉尘污染头部的作业场所，如：纺织、石棉、玻璃纤维以及具有旋转设备的机加工车间等
	必须系安全带 Must fastened safety belt	易发生坠落危险的作业场所，如：高处建筑、修理、安装等地点
	必须穿救生衣 Must wear life jacket	易发生溺水的作业场所，如：船舶、海上工程结构物等

续表

标志	名称	说明
	必须穿防护服 Must wear protective clothes	具有放射、微波、高温及其他需穿防护服的作业场所
	必须戴防护手套 Must wear protective gloves	易伤害手部的作业场所，如：具有腐蚀、污染、灼烫、冰冻及触电危险的作业等地点
	必须穿防护鞋 Must wear protective shoes	易伤害脚部的作业场所，如：具有腐蚀、灼烫、触电、砸（刺）伤等危险的作业地点
	必须洗手 Must wash your hands	解除有毒有害物质作业后
	必须加锁 Must be locked	剧毒品、危险品库房等地点
	必须接地 Must connect an earth terminal to the ground	防雷、防静电场所

续表

标志	名称	说明
	必须拔出插头 Must disconnect mains plug from electrical outlet	在设备维修、故障、长期停用、无人值守状态下

二、安全工器具

电力安全工器具是指为防止触电、灼伤、坠落、摔跌等事故，保障工作人员人身安全的各种专用工具和器具。

电力生产、建设工作中，无论是施工安装、运行操作，还是检修工作，为了保障工作人员的人身安全顺利地完成工作任务，必须使用相应的安全工器具。例如，登杆就业时，工作人员必须使用脚扣、安全带等安全工器具，正确的使用脚扣才能安全地登高，在杆上正确地固定好安全带，才能防止高速坠落伤亡事故的发生。

（一）安全工器具的分类

安全工器具分为个体防护装备、绝缘安全工器具、登高工器具、安全围栏（网）和标志牌四大类。

1. 个体防护装备

个人防护装备是指保护人体避免受到急性伤害而使用的安全用具，包括安全帽、防护眼镜、正压式消防空气呼吸器、安全带、速差自控器、缓冲器、静电防护服、SF_6防护服、耐酸手套、耐酸靴、导电鞋、个人保安线、SF_6气体检漏仪、含氧量测试仪及有害气体检测仪等。

个体防护装备的采购、检验、发放、使用、监督、保管等应有专人负责，并建立台账。个体防护装备应正确使用，经常检查和定期实验，其检查实验的要求和周期应符合有关规定。

2. 绝缘安全工器具

绝缘安全工器具是指作业中为防止工作人员触电，必须使用的绝缘工具，依据绝缘强度和所起的作用，又可分为基本绝缘安全工器具、带电作业安全工器具和辅助绝缘安全工器具。

（1）基本绝缘安全工器具。基本绝缘安全工器具是指能直接操作带电装置、接触或可能接触带电体的工器具，其中大部分为带电作业专用救援安全工器具，包括电容型验电器、携带型短路接地线、绝缘杆、核相器、绝缘遮蔽罩、绝缘隔板、绝缘绳和绝缘夹钳等。

（2）带电作业安全工器具。带电作业安全工器具是指在带电装置上进行作业或接近带电部分所进行的各种作业所使用的工器具，特别是工作人员身体的任何部分或采用工具、装置或仪器进入限定的带电作业区域的所有作业所使用的工器具，包括带电作业用绝缘安全帽、绝缘服装、屏蔽服装、带电作业用绝缘手套、带电作业用绝缘靴（鞋）、带电作业用绝缘垫、带电作业用绝缘毯、带电作业用绝缘硬梯、绝缘托瓶架、带电作业用绝缘绳（绳索类工具）、带电作业用绝缘滑车和带电作业用提现工具等。

（3）辅助绝缘安全工器具。辅助绝缘安全工器具是指绝缘强度不是承受设备或线路的工作电压，只是用于加强基本绝缘工器具的保安作用，用于防止接触电压、跨步电压、泄漏电流电弧对操作人员的伤害。不能用辅助绝缘安全工器具，直接接触高压设备带电部位，包括辅助型绝缘手套、辅助型绝缘靴（鞋）和辅助型绝缘胶垫。

3. 登高工器具

登高工器具是用于登高作业、临时性高处作业的工具，包括脚扣、升降板（登高板）、梯子、快装脚手架及检修平台等。

4. 安全围栏（网）和标志牌

安全围栏（网）包括用各种材料做成的安全围栏、安全围网和红布幔，标志牌包括各种安全警告牌、设备标志牌、锥形交通标、警示带等。

（二）安全工器具的使用

1. 绝缘杆

绝缘杆是适用于短时间对带电设备进行操作或测量的杆类绝缘工具，如接通或断开高压隔离开关、跌落熔丝具，在接装和拆除携带型接地线及带电测量和试验工作时，往往也要用绝缘杆。电压等级的绝缘杆可以承受相应的电压绝缘杆，也叫绝缘棒或操作杆、令克棒。

绝缘杆的结构一般分为工作部分、绝缘部分和手握部分，如图 2－5 所示。工作部分是用机械强度较大的金属或玻璃钢制作，绝缘部分是用浸过绝缘漆的硬木、硬塑料、环氧玻璃管或胶木的合成材料制成，其强度也应根据使用场合、电压等级和工作需要来选定。例如，110kV以上电气设备使用的绝缘杆，其绝缘部分较长，为了携带和使用方便，往往将其分段制作，各段之间通过端头的金属丝扣连接，其或用其他镶接方式连接起来，使用时可拉长缩短。

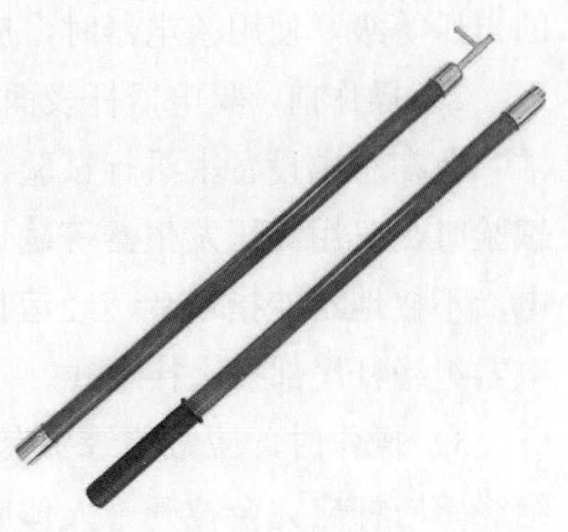
图 2－5　绝缘杆

使用绝缘杆前必须核准与被操作设备的电压等级是否相符，使用绝缘杆前，应擦拭干净并检查绝缘杆的堵头，如发现破损，禁止使用。使用绝缘杆时，工作人员应戴绝缘手套，穿上绝缘靴（鞋），人体与带电设备保持足够的安全距离，以保持有效的绝缘长度，并注意防止绝缘棒被人体或设备短接。遇上下雨天在户外使用绝缘杆操作电气设备时，操作杆的绝缘部分应有防雨罩。罩的上口应与绝缘部分紧密结合，无渗漏现象，使用过程中应防止绝缘杆与其他物体碰撞而损坏表面绝缘漆，绝缘杆不得移作他用，也不得直接与墙壁或地面接触，防止破坏绝缘性能。工作完毕，应将绝缘杆放在干燥的特制架子上，或垂直地悬挂在专用挂架上。

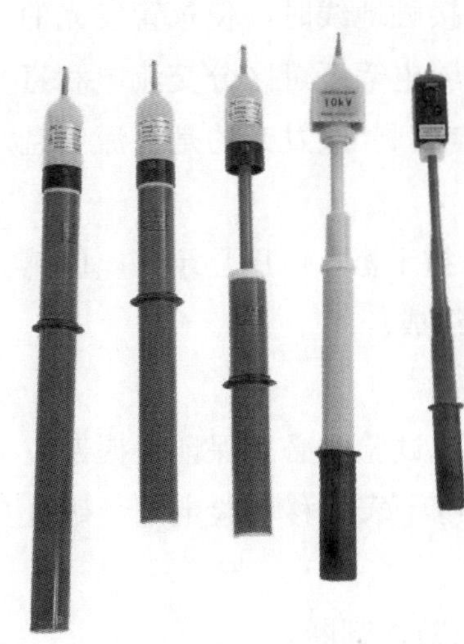

图 2－6　验电器

2. 验电器

（1）电容型验电器。电容型验电器是通过检测流过验电器对地杂散电容中的电流来指示电压是否存在的装置。一般由接触电极、验电指示器、连接件、绝缘杆和护手环等组成，如图 2–6 所示。电容型验电器的使用要求：

1）验电器的规格必须符合被操作设备

的电压等级，使用验电器时，应轻拿轻放。

2）操作前，验电器杆表面应用清洁的干布擦拭干净，使表面干燥、清洁。并在有电设备上进行试验，确认验电器良好。无法在有电设备上进行试验时，可用高压发生器等确认验电器良好。如在木杆、木梯或木架上验电，不接地不能指示者，经运行值班负责人或工作负责人同意后，可在验电器绝缘杆尾部接上接地线。

3）操作时，应戴绝缘手套，穿绝缘靴，使用抽拉式电容型验电器时，绝缘感应杆应完全拉开。人体应与带电设备保持足够的安全距离，操作者的手握部位不得越过护环，以保持有效的绝缘长度。

4）非雨雪型电容型验电器，不得在雷、雨、雪等恶劣天气时使用。

5）使用操作前，应自检一次声光报警信号有无异常。

（2）低压验电器。低压验电器也称验电笔，是检验低压电气设备和线路是否带电的一种专用工具，现有氖管式验电笔和数字式验电笔两种，外形有笔型、改锥型和组合型。

氖管式验电笔的结构通常由笔尖（工作触头）、电阻、氖管、弹簧和笔身等组成，验电器一般利用电容电流经氖管灯泡发光的原理制成，故也称发光型验电笔。只要带电体与大地之间电位差超过一定数值（36V 以下），验电器就会发出辉光，低于这个数值就不发光，从而来判断低压电气设备是否带有电压。验电笔也可区分相线和地线，接触地线时，使氖管发光的线是相线，氖管不发亮的线为地线或中性线。验电笔还可区分交流电和直流电，使氖管式验电笔氖管两极发光的是交流电，一级发光的是直流电且发光的一级是直流电源的负极。

数字式验电笔由笔尖（工作触头）、笔身、指示器、电压显示、电压感应通电检测按钮、电压直接检测按钮、电池等组成。

低压验电笔在使用中需注意以下几点：

1）使用前应在确认有电的设备上进行试验，试验时必须保证手握部位与带电设备的安全距离，不准沿设备外壳或绝缘子表面移动验电笔，确认验电笔良好后方可验电。

2）在强光下验电时，应采取遮挡措施，以防误判断。

3）验电笔不准放置于地面上，应选择合适干燥地点放置。

4）数字式验电器还应该注意，当右手按断点检测按钮，并将左手触及笔尖时，若指示灯发亮，则表示正常工作；若指示灯不亮，则应更换电池，测试交流电时切勿按电子感应按钮。

3. 绝缘隔板和绝缘遮蔽罩

绝缘隔板（见图2-7）是由绝缘材料制成，用于隔离带电部件，限制工作人员活动范围，防止接近高压带电部分的绝缘平板。绝缘隔板又称绝缘挡板一般应具有很高的绝缘性能，它可以35kV及以下的带电部分直接接触起临时遮拦作用。绝缘遮蔽罩（见图2-8）由绝缘材料制成，起遮蔽或隔离的保护作用，防止作业人员与带电体发生直接接触。

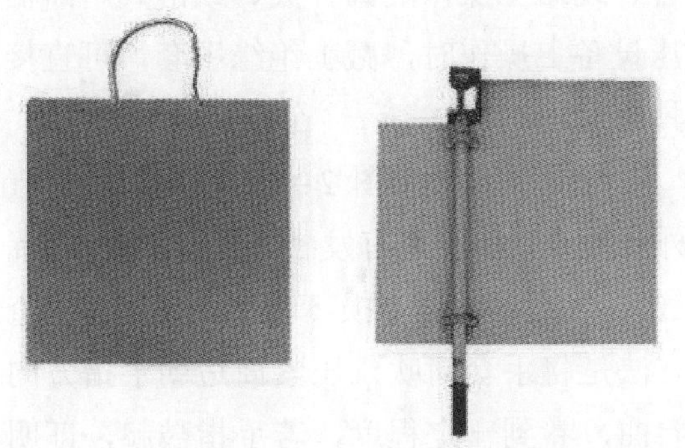

图2-7　绝缘隔板

图2-8　10kV横担高压绝缘遮蔽罩

（1）绝缘隔板在使用时的要求如下：

1）装拆绝缘隔板时应与带电部分保持一定距离（符合安全规程的要求），或者使用绝缘工具进行装拆。

2）使用绝缘隔板前，应先擦净绝缘隔板的表面，保持表面洁净。

3）现场放置绝缘隔板时，应戴绝缘手套。如在隔离开关动、静触头之间放置绝缘隔板时，应使用绝缘棒。

4）绝缘隔板在放置和使用中要防止脱落，必要时可用绝缘绳索将其固定并保证牢靠。

5）绝缘隔板应使用尼龙等绝缘挂线悬挂，不能使用胶质线，以免在使用中造成接地或短路。

（2）绝缘遮蔽罩在使用时的要求如下：

1）绝缘遮蔽罩应根据使用电压的等级来选择，不得越级使用。

2）当环境为－25～+55℃时，建议使用普通遮蔽罩。当环境温度为－40～+55℃，建议使用C类遮蔽罩。当环境温度为－10～+70℃时，用W类遮蔽罩。

3）现场带电安放绝缘遮蔽罩时，应戴绝缘手套。

4. 绝缘手套

辅助型绝缘手套是由特种橡胶制成的起电气辅助绝缘作用的手套。有足够长度，戴上后应超过手腕10cm。

戴上绝缘手套在高压电气设备、线路上操作隔离开关、跌落式熔断器时是作为辅助安全工器具。在低压设备上操作时，戴上绝缘手套，可直接带电操作，可作为基本安全工器具使用。

图2－9　绝缘手套

绝缘手套（见图2－9）使用前应进行外观检查，如发现有发黏、裂纹、破口（漏气）、气泡、发脆等损坏时禁止使用。检查方法是将手套筒吹气压紧筒边朝手指方向卷曲，卷到一定程度，若手指鼓起，证明无砂眼漏气，可以使用。按照《电力安全工作规程》有关要求进行设备验电、倒闸操作、装拆接地线等工作应戴绝缘手套。使用绝缘手套时应将上衣袖口套入手套筒口内。使用完毕应擦净、晾干，最好在绝缘手套内撒些滑石粉，以免粘连。

5. 安全带

安全带是防止高处作业人员发生坠落或发生坠落后将作业人员安全悬挂的个体防护装备，安全绳是连接安全带系带与挂点的绳（带、钢丝绳等）。全身式单钩安全带见图2－10。

安全带的使用要求如下：

（1）安全带使用期一般为3～5年，发现异常应提前报废。

（2）安全带的腰带和保险带、绳应有足够的机械强度，材质应具有耐磨性，卡环（钩）应具有保险装置，操作应灵活。保险带、绳使用长度在

3m 以上的应加缓冲器。

（3）使用安全带前应进行外观检查，检查内容包括：① 组件完整、无短缺、无伤残破损。② 绳索、编带无脆裂、断股或扭结。③ 金属配件无裂纹、焊接无缺陷、无严重锈蚀。④ 挂钩的钩舌咬口平整不错位，保险装置完整可靠。⑤ 铆钉无明显偏位，表面平整。

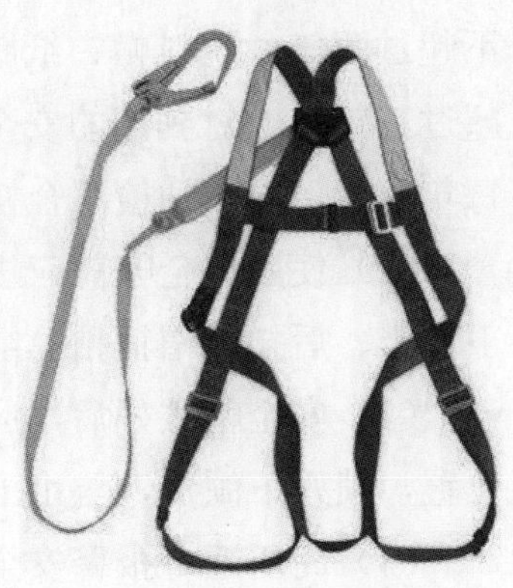

图 2－10　全身式单钩安全带

（4）安全带应系在牢固的物体上，禁止系挂在移动或不牢固的物件上。不准系在棱角锋利处。安全带要高挂低用。

（5）在杆塔上工作时，应将安全带后备保护绳系在安全牢固的构件上（带电作业视其具体任务决定是否系后备安全绳），不准失去后备保护。

（6）高处作业人员在转移作业位置时不准失去安全保护。

6. 安全帽

安全帽（见图 2－11）是对人头部受坠落物及其他特定因素引起的伤害起防护作用。安全帽由帽壳、帽衬、下颌带及附件等组成。任何人进入生产现场（办公室、控制室、值班室和检修班组室除外）都应正确佩戴安全帽。

图 2－11　安全帽

普通型安全帽的帽壳普遍采用硬质的强度较高的塑料或玻璃钢制作，包括帽舌、帽沿。帽壳内用韧性很好的衬带材料制作帽衬，它由围绕头围的固定衬带、头顶部接触的衬带和箍紧后枕骨部位的后箍组成。另外还有为戴稳帽子系在下颌上的下颌带和通气孔等。

安全帽保护原理是，安全帽受到冲击载荷时，可将其传递分布在头盖骨的整个面积上，避免集中打击在头顶一点而致命。头部和帽顶的空间位置构成一个冲击能量吸收系统，起缓冲作用，以减轻或避免外物对头部的打击伤害。

安全帽的使用要求如下：

（1）安全帽的使用期，从产品制造完成之日起计算：植物枝条编织帽不超过两年，塑料帽、纸胶帽不超过两年半，玻璃钢（维纶钢）橡胶帽不超过三年半。对到期的安全帽，应进行抽查测试，合格后方可使用，以后每年抽检一次，抽检不合格，则该批安全帽报废。

（2）使用安全帽前应进行外观检查，检查安全帽的帽壳、帽箍、顶衬、下颌带、后扣或帽箍扣等组件完好无损。

（3）安全帽戴好后，应将后扣拧到合适位置或将帽箍扣调整到合适的位置，锁好下颌带，防止工作中前倾后仰或其他原因造成滑落。

（4）高压近电报警安全帽使用前应检查其音响部分是否良好，但不得作为无电的依据。

7. 脚扣和登高板

脚扣和登高板是架空线路工作人员登高作业时攀登电杆的工具。脚扣是由钢或铝合金材料制作的，近似半圆形的电杆套扣和带有皮带脚扣环的脚登板组成，登高板由质地坚韧的木板制作成踏板和吊绳组成。脚扣和登高板分别见图2－12、图2－13。

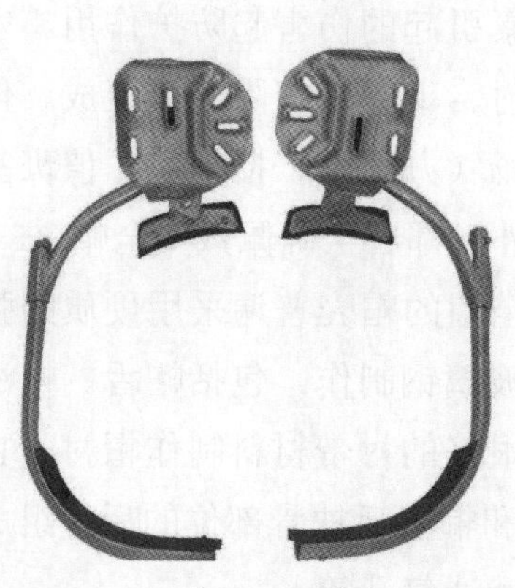

图2－12　脚扣

图2－13　登高板

使用脚扣和登高板必须经训练，掌握攀登技能，否则易发生跌伤事故。脚扣和登高板的使用要求如下：

（1）脚扣和登高板使用前应进行外观检查。

（2）正式登杆前在杆根处用力试登，判断脚扣和登高板是否有变形和损伤。

（3）登杆前应将脚扣登板的皮带系牢，登杆过程中应根据杆径粗细随时调整脚扣尺寸。

（4）特殊天气使用脚扣和登高板时，应采取防滑措施。

（5）严禁从高处往下扔摔脚扣和登高板。

8. 接地线

携带型短路接地线是用于防止设备、线路突然来电，消除感应电压，放尽剩余电荷的临时接地装置。个人保安接地线（俗称“小地线”）是用于防止感应电压危害的个人用接地装置。接地线见图 2–14。

图 2–14 接地线

携带型接地线和个人保安线在结构上类似，由专用夹头和多股软铜线组成，通过接地线的夹头将接地装置与需要短路接地的电气设备连接起来。

接地线的使用要求如下：

（1）接地线应用多股软铜线，其截面应满足装设地点短路电流的要求，但不得小于 $25mm^2$，长度应满足工作现场需要。接地线应有透明外护层，护层厚度大于 1mm。

（2）接地线的两端线夹应保证接地线与导体和接地装置接触良好、拆装方便，有足够的机械强度，并在大短路电流通过时不致松动。

（3）接地线使用前，应进行外观检查，如发现绞线松股、断股、护套严重破损、夹具断裂松动等不准使用。

（4）装设接地线时，人体不准碰触接地线或未接地的导线，以防止感应电触电。

（5）装设接地线，应先装设接地线接地端。验电证实无电后，应立即接导体端，并保证接触良好。拆接地线的顺序与此相反。接地线严禁用缠绕的方法进行连接。

（6）设备检修时模拟盘上所挂地线的数量、位置和地线编号，应与工作票和操作票所列内容一致，与现场所装设的接地线一致。

（7）个人保安接地线仅作为预防感应电使用，不准以此代替《电力安全工作规程》规定的工作接地线。只有在工作接地线挂好后，方可在工作相上挂个人保安接地线。

（8）个人保安接地线由工作人员自行携带，凡在同杆塔并架或相邻的平行有感应电的线路上停电工作，应在工作相上使用，并不准采用搭连虚接的方法接地。工作结束时，工作人员应拆除所挂的个人保安接地线。

9. SF_6 气体检漏仪

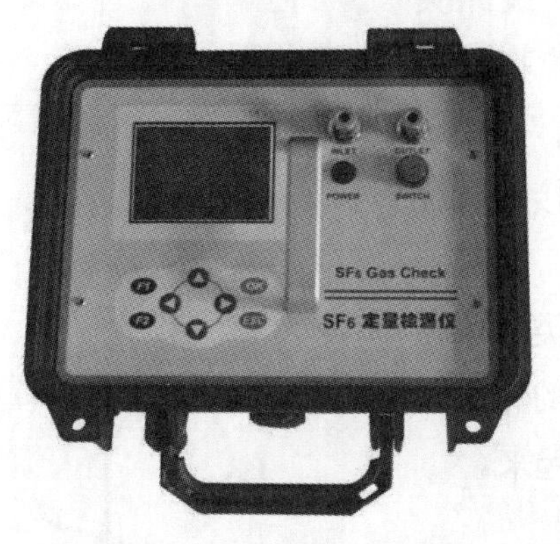

图 2-15　SF_6 气体检漏仪

SF_6 气体检漏仪（见图 2-15）是用于绝缘电气设备现场维护时，测量 SF_6，气体含量的专用仪器。

SF_6 气体检漏仪的使用要求如下：

（1）应按照产品使用说明正确使用。

（2）工作人员进入 SF_6 配电装置室，入口处若无 SF_6 气体含量显示器，应先通风 15min，并用 SF_6 气体检漏仪测量 SF_6 气体含量合格。

（三）安全工器具的保存与试验

1. 安全工器具的试验

为防止电力安全工器具性能改变或存在隐患而导致在使用中发生事故，对电力安全工器具要应用试验、检测和诊断的方法和手段进行预防性试验。

各类电力安全工器具必须通过国家和行业规定的型式试验，进行出厂试验和使用中的周期性试验，试验由具有资质的电力安全工器具检验机构进行。

应进行试验的安全工器具如下：规程要求进行试验的安全工器具。新购置和自制的安全工器具。检修后或关键零部件经过更换的安全工器具。对安全工器具的机械、绝缘性能产生疑问或发现缺陷时。出了质量问题的同批安全工器具。

电力安全工器具经试验合格后，在不妨碍绝缘性能且醒目的部位贴上“试验合格证”标签，注明试验人、试验日期及下次试验日期。

2. 安全工器具的保管与存放

安全工器具的保管与存放，要满足国家和行业标准及产品说明书要求，并要满足下列要求：

（1）橡胶塑料类安全工器具。橡胶塑料类安全工器具应存放在干燥、通风、避光的环境下，存放时离开地面和墙壁 20cm 以上，离开发热源 1m 以上，避免阳光、灯光或其他光源直射，避免雨雪浸淋，防止挤压、折叠和尖锐物体碰撞，严禁与油、酸、碱或其他腐蚀性物品存放在一起。

（2）环氧树脂类安全工器具。环氧树脂类安全工器具应置于通风良好、清洁干燥、避免阳光直晒和无腐蚀、有害物质的场所保存。

（3）纤维类安全工器具。纤维类安全工器具应放在干燥、通风、避免阳光直晒、无腐蚀及有害物质的位置，并与热源保持 1m 以上的距离。

（4）其他类安全工器具。

1）钢绳索速差式防坠器，如钢丝绳浸过泥水等，应使用涂有少量机油的棉布对钢丝绳进行擦洗，以防锈蚀。

2）安全围栏（网）应保持完整、清洁无污垢，成捆整齐存放。标志牌、警告牌等，应外观醒目，无弯折、无锈蚀，摆放整齐。

三、常用仪器仪表

1. 万用表

万用表（见图 2－16）是一种带有整流器的、可以测量交、直流电流、电压及电阻等多种电学参量的磁电式仪表。对于每一种电学量，一般都有几个量程。又称多用电表或简称多用表。万用表是由磁电系电流表（表头），测量电路和选择开关等组成的。通过选择开关的变换，可方便地对多种电学参量进行测量。其电路计算的主要依据是闭合电路欧姆定律。万用表种类很多，使用时应根据不同的要求进行选择。

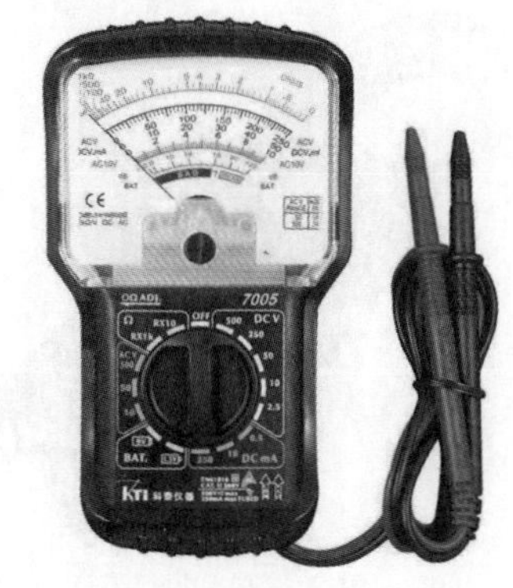

图 2－16　万用表

万用表不仅可以用来测量被测量物体的电阻，交直流电压还可以测量直流电压。甚至有的万用表还可以测量晶体管的主要参数以及电容器的电容量等。充分熟练掌握万用表的使用方法是电子技术的最基本技能之一。常见的万用表有指针式万用表和数字式万用表。指针式多用表是以表头为核心部件的多功能测量仪表，测量值由表头指针指示读取。数字式万用表的测量值由液晶显示屏直接以数字的形式显示，读取方便，有些还带有语音提示功能。万用表是共用一个表头，集电压表、电流表和欧姆表于一体的仪表。

万用表的直流电流挡是多量程的直流电压表。表头并联闭路式分压电阻即可扩大其电压量程。万用表的直流电压挡是多量程的直流电压表。表头串联分压电阻即可扩大其电压量程。分压电阻不同，相应的量程也不同。万用表的表头为磁电系测量机构，它只能通过直流，利用二极管将交流变为直流，从而实现交流电的测量。

万用表由表头、测量电路及转换开关等三个主要部分组成。

万用表使用要求如下：

（1）在使用万用表之前，应先进行“机械调零”，即在没有被测电量时，使万用表指针指在零电压或零电流的位置上。

（2）在使用万用表过程中，不能用手去接触表笔的金属部分，这样一方面可以保证测量的准确，另一方面也可以保证人身安全。

（3）在测量某一电量时，不能在测量的同时换挡，尤其是在测量高电压或大电流时，更应注意。否则，会使万用表毁坏。如需换挡，应先断开表笔，换挡后再去测量。

（4）万用表在使用时，必须水平放置，以免造成误差。同时，还要注意到避免外界磁场对万用表的影响。

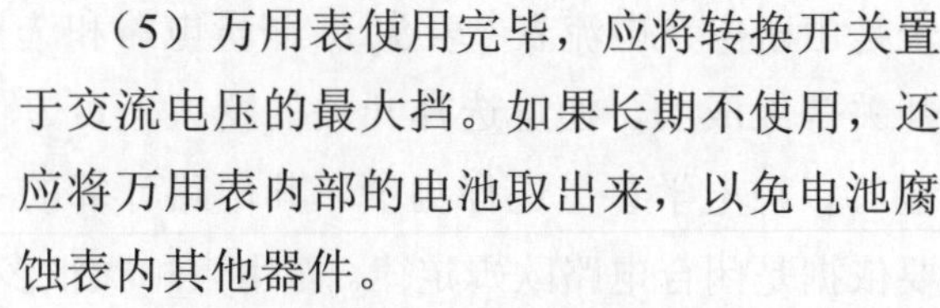

（5）万用表使用完毕，应将转换开关置于交流电压的最大挡。如果长期不使用，还应将万用表内部的电池取出来，以免电池腐蚀表内其他器件。

图 2－17　钳形电流表

2. 钳形电流表

钳形电流表（见图 2－17）是由电流互感器和电流表组合而成。电流互感器的铁芯在捏紧扳手时可以张开；被测电流所通过的导

线可以不必切断就可穿过铁芯张开的缺口，当放开扳手后铁芯闭合。

通常用普通电流表测量电流时，需要将电路切断停机后才能将电流表接入进行测量，这是很麻烦的，有时正常运行的电动机不允许这样做。此时，使用钳形电流表就显得方便多了，可以在不切断电路的情况下来测量电流。

使用钳形电流表时应注意：

（1）进行电流测量时，被测载流体的位置应放在钳口中央，以免产生误差。

（2）测量前应估计被测电流的大小，选择合适的量程，在不知道电流大小时，应选择最大量程，再根据指针适当减小量程，但不能在测量时转换量程。

（3）为了使读数准确，应保持钳口干净无损，如有污垢时，应用汽油擦洗干净再进行测量。

（4）在测试5A以下的电流时，为了测量准确，应该绕圈测量。

（5）钳形电流表不能测量裸导线电流，为防触电和短路。

（6）测量完后一定要将量程分档旋钮放到最大量程位置上。

3. 绝缘电阻表

绝缘电阻表（见图2－18）是电工常用的一种测量仪表，主要用来检查电气设备、家用电器或电气线路对地及相间的绝缘电阻，以保证这些设备、电器和线路工作在正常状态，避免发生触电伤亡及设备损坏等事故。

图2－18　绝缘电阻表

数字绝缘电阻表由中大规模集成电路组成。本表输出功率大，短路电流值高，输出电压等级多（有四个电压等级）。工作原理为由机内电池作为电源经DC/DC变换产生的直流高压由E极出经被测试品到达L极，从而产生一个从E到L极的电流，经过I/V变换经除法器完成运算直接将被测的绝缘电阻值由LCD显示出来。

使用绝缘电阻表时应注意：

（1）测量前必须将被测设备电源切断，并对地短路放电。决不能让设备带电进行测量，以保证人身和设备的安全。对可能感应出高压电的设备，必须消除这种可能性后，才能进行测量。

（2）被测物表面要清洁，减少接触电阻，保证测量结果的正确性。

（3）测量前应将绝缘电阻表进行一次开路和短路试验，检查绝缘电阻表是否良好。即在绝缘电阻表未接上被测物之前，摇动手柄使发电机达到额定转速（120r/min），观察指针是否指在标尺的“∞”位置。将接线柱“线（L）和地（E）”短接，缓慢摇动手柄，观察指针是否指在标尺的“0”位。如指针不能指到该指的位置，表明绝缘电阻表有故障，应检修后再用。

（4）绝缘电阻表使用时应放在平稳、牢固的地方，且远离大的外电流导体和外磁场。

（5）必须正确接线。绝缘电阻表上一般有三个接线柱，其中 L 接在被测物和大地绝缘的导体部分，E 接被测物的外壳或大地。G 接在被测物的屏蔽上或不需要测量的部分。测量绝缘电阻时，一般只用“L”和“E”端. 但在测量电缆对地的绝缘电阻或被测设备的漏电流较严重时，就要使用“G”端，并将“G”端接屏蔽层或外壳。线路接好后，可按顺时针方向转动摇把，摇动的速度应由慢而快，当转速达到 120r/min 左右时（ZC－25 型），保持匀速转动，1min 后读数，并且要边摇边读数，不能停下来读数。

1）遥测时将绝缘电阻表置于水平位置，摇把转动时其端钮间不许短路。摇动手柄应由慢渐快，若发现指针指零说明被测绝缘物可能发生了短路，这时就不能继续摇动手柄，以防表内线圈发热损坏。

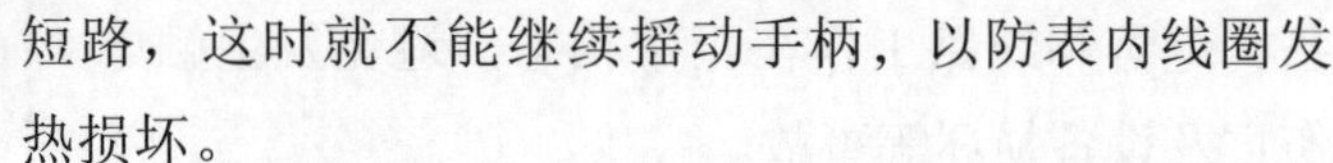

2）读数完毕，将被测设备放电。放电方法是将测量时使用的地线从绝缘电阻表上取下来与被测设备短接一下即可（不是绝缘电阻表放电）。

4. 红外线测温仪

红外测温仪（见图 2－19）被用来检测电力设备表面温度，诊断设备有无发热故障。使用红外测温仪应注意：

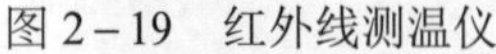

图 2－19　红外线测温仪

（1）确定测温范围。测温范围是测温仪最重要的一个性能指标。有些测温仪产品量程可达到为-50～+3000℃，但这不能由一种型号的红外测温仪来完成。每种型号的测温仪都有自己特定的测温范围。因此，用户的被测温度范围一定要考虑准确、周全，既不要过窄，也不要过宽。根据黑体辐射定律，在光谱的短波段由温度引起的辐射能量的变化将超过由发射率误差所引起的辐射能量的变化，因此，测温时应尽量选用短波较好。一般来说，测温范围越窄，监控温度的输出信号分辨率越高，精度可靠性容易解决。测温范围过宽，会降低测温精度。例如，如果被测目标温度为1000℃，首先确定在线式还是便携式，如果是便携式。满足这一温度的型号很多，如3iLR3，3i2M，3i1M。如果测量精度是主要的，最好选用2M或1M型号的，因为如果选用3iLR型，其测温范围很宽，则高温测量性能更差一些；如果用户除测量1000℃的目标外，还要照顾低温目标，那只好选择3iLR3。

（2）确定目标尺寸。红外测温仪根据原理可分为单色测温仪和双色测温仪（辐射比色测温仪）。对于单色测温仪，在进行测温时，被测目标面积应充满测温仪视场。建议被测目标尺寸超过视场大小的50%为好。如果目标尺寸小于视场，背景辐射能量就会进入测温仪的视声符支干扰测温读数，造成误差。相反，如果目标大于测温仪的视场，测温仪就不会受到测量区域外面的背景影响。对于比色测温仪，不充满视场，测量通路上存在烟雾、尘埃、阻挡，对辐射能量有衰减时，都不对测量结果产生重大影响。对于细小而又处于运动或震动之中的目标，比色测温仪是最佳选择。这是由于光线直径小，有柔性，可以在弯曲、阻挡和折叠的通道上传输光辐射能量。

对于某些测温仪，其温度是由两个独立的波长带内辐射能量的比值来确定的。因此当被测目标很小，没有充满现场，测量通路上存在烟雾、尘埃、阻挡对辐射能量有衰减时，都不会对测量结果产生影响。甚至在能量衰减了95%的情况下，仍能保证要求的测温精度。对于目标细小，又处于运动或振动之中的目标；有时在视场内运动，或可能部分移出视场的目标，在此条件下，使用双色测温仪是最佳选择。如果测温仪和目标之间不可能直接瞄准，测量通道弯曲、狭小、受阻等情况下，双色光纤测温仪是最佳选择。这是由于其直径小，有柔性，可以在弯曲、阻挡和折叠的通道上传输光辐射能量，因此可以测量难以接近、条件恶劣或靠近电磁场的目标。

（3）确定距离系数（光学分辨率）。距离系数由 *D*:*S* 确定，即测温仪探头到目标之间的距离 *D* 与被测目标直径 *S* 之比。如果测温仪由于环境条件限制必须安装在远离目标之处，而又要测量小的目标，就应选择高光学分辨率的测温仪。光学分辨率越高，即增大 *D*:*S* 比值，测温仪的成本也越高。Raytek 红外测温仪 *D*:*S* 的范围从 2:1（低距离系数）到高于 300:1（高距离系数）。如果测温仪远离目标，而目标又小，就应选择高距离系数的测温仪。对于固定焦距的测温仪，在光学系统焦点处为光斑最小位置，近于和远于焦点位置光斑都会增大。存在两个距离系数。因此，为了能在接近和远离焦点的距离上准确测温，被测目标尺寸应大于焦点处光斑尺寸，变焦测温仪有一个最小焦点位置，可根据到目标的距离进行调节。增大 *D*:*S*，接收的能量就减少，如不增大接收口径，距离系数 *D*:*S* 很难做大，这就要增加仪器成本。

（4）确定波长范围。目标材料的发射率和表面特性决定测温仪的光谱相应波长对于高反射率合金材料，有低的或变化的发射率。在高温区，测量金属材料的最佳波长是近红外，可选用 0.8～1.0μm。其他温区可选用 1.6、2.2μm 和 3.9μm。由于有些材料在一定波长上是透明的，红外能量会穿透这些材料，对这种材料应选择特殊的波长。如测量玻璃内部温度选用 1.0、2.2μm 和 3.9μm（被测玻璃要很厚，否则会透过）波长；测玻璃表面温度选用 5.0μm；测低温区选用 8～14μm 为宜。如测量聚乙烯塑料薄膜选用 3.43μm，聚酯类选用 4.3μm 或 7.9μm，厚度超过 0.4mm 的选用 8～14μm。如测火焰中的 CO 用窄带 4.64μm，测火焰中的 NO_2 用 4.47μm。

（5）确定响应时间。响应时间表示红外测温仪对被测温度变化的反应速度，定义为到达最后读数的 95%能量所需要时间，它与光电探测器、信号处理电路及显示系统的时间常数有关。有些红外测温仪响应时间可达 1ms，比接触式测温方法快得多。如果目标的运动速度很快或测量快速加热的目标时，要选用快速响应红外测温仪，否则达不到足够的信号响应，会降低测量精度。然而，并不是所有应用都要求快速响应的红外测温仪。对于静止的或目标热过程存在热惯性时，测温仪的响应时间就可以放宽要求了。因此，红外测温仪响应时间的选择要和被测目标的情况相适应。确定响应时间，主要根据目标的运动速度和目标的温度变化速度。对于静止的目标或目标参在热惯性，或现有控制设备的速度受到限制，测温仪的响应时间就可以放宽要求了。

（6）环境条件考虑。测温仪所处的环境条件对测量结果有很大影响，应予考虑并适当解决，否则会影响测温精度甚至引起损坏。当环境温度高，存在灰尘、烟雾和蒸汽的条件下，可选用厂商提供的保护套、水冷却、空气冷却系统、空气吹扫器等附件。这些附件可有效地解决环境影响并保护测温仪，实现准确测温。在确定附件时，应尽可能要求标准化服务，以降低安装成本。当在噪声、电磁场、震动或难以接近环境条件下，或其他恶劣条件下，烟雾、灰尘或其他颗粒降低测量能量信号时，光纤双色测温仪是最佳选择。比色测温仪是最佳选择。在噪声、电磁场、震动和难以接近的环境条件下，或其他恶劣条件时，宜选择光线比色测温仪。

在密封的或危险的材料应用中（如容器或真空箱），测温仪通过窗口进行观测。材料必须有足够的强度并能通过所用测温仪的工作波长范围。还要确定操作工是否也需要通过窗口进行观察，因此要选择合适的安装位置和窗口材料，避免相互影响。在低温测量应用中，通常用 Ge 或 Si 材料作为窗口，不透可见光，人眼不能通过窗口观察目标。如操作员需要通过窗口目标，应采用既透红外辐射又透过可见光的光学材料，如应采用既透红外辐射又透过可见光的光学材料，如 ZnSe 或 BaF_2 等作为窗口材料。

当测温仪工作环境中存在易燃气体时，可选用本质安全型红外测温仪，从而在一定浓度的易燃气体环境中进行安全测量和监视。

在环境条件恶劣复杂的情况下，可以选择测温头和显示器分开的系统，以便于安装和配置。可选择与现行控制设备相匹配的信号输出形式。

四、紧急救护

紧急救护，是指在施工生产过程和作业场所中，对因突发的安全事故和灾害事件已造成伤害和可能造成伤害的人员，由现场救援人员实施的紧急抢救和处于险境的人员实施的自救。

1. 紧急救护的重要意义

在施工生产现场，发生安全事故和灾害难以避免，由此造成的伤（病）

情很复杂，如多种急性外伤、急性中毒、出血、骨折以及心脏骤停、呼吸功能障碍等。伤（病）员往往痛苦异常，甚至有致残致命的危险。在这种情况下，坐等后方医院的医务人员赶来抢救，往往会耽误抢救时机，造成不可挽回的后果。这时由现场值班的医务人员和受过自救互救方法培训的现场施工生产人员组成抢救队伍，对伤（病）员实施及时、正确的初步紧急救护，并将伤（病）员迅速安全地运送到后方医院作后续抢救具有重要意义。它可以减少伤（病）员的痛苦，防止伤（病）情迅速恶化，降低致残率，提高存活率，并为后续的医院抢救打好基础。

处于灾害险境的人员，只有平时受到良好的自救互救培训，掌握了必要的安全知识与技能，才有可能做到临危不乱，应急避险。

2. 紧急救护的特点

（1）突发性。施工生产现场急救，往往是在人们预料之外突然发生的。需要抢救的伤（病）员，有时是单个，有时人数较多，有时很分散，有时很集中，常见伤（病）员多为垂危者，不仅需要在场人员争分夺秒就地实施抢救，有时还需后方急救中心（医院）火速赶来参加抢救。

（2）危险性。发生安全事故和灾害事件的现场往往具有一定危险性，如滑坡塌方、触电、毒物泄漏、火灾、地震灾区等现场。在现场抢救的人员先要把伤病员迅速转移到安全地带后再实施抢救，还要在行动中注意自身的安全。

（3）紧迫性。安全事故和灾害事件发生后，伤病员的伤情很复杂，多种器官同时受损，病情垂危的情况较多。资料表明，心跳呼吸骤停4～6min后，脑细胞发生不可逆转的损害。若4min开始心肺复苏，仅有50%的可能被救活。10min以上开始复苏者100%不能存活。因此，时间就是生命，抢救工作必须争分夺秒。对心跳呼吸骤停的伤员，要立即就地施行心肺脑复苏；对大出血、骨折等伤员，要迅速用正确的止血、固定等方法进行抢救，不能消极等待，丧失抢救时机，否则会致残，甚至死亡。

（4）灵活性。施工生产现场急救很可能是在缺医少药的情况下进行的，常无齐备的抢救器材、药品和转运工具，因此，要机动灵活地在伤员周围寻找代用品，就地取材获得冲洗消毒液、绷带、夹板、担架等。

3. 紧急救护的原则

（1）先复后固的原则。遇有心跳呼吸骤停同时骨折者，应首先用人工呼吸和胸外按压等技术，使心、肺、脑复苏，即先从死亡线上挽救生命后，再进行骨折固定。

（2）先止后包的原则。遇有大出血同时有创口者，应立即用指压、止血带或药物等方法止血，然后再消毒创口、包扎。

（3）先重后轻的原则。同时遇有危重的和较轻的伤员时，应优先抢救危重者。

（4）先救后运的原则。发现伤员时，应先抢救后运送。在运送伤病员到医院途中，不要停止抢救措施，关注伤病情变化，注意保暖，平安且平稳地抵达最近医院。

（5）急救与呼救并重的原则。在遇有伤员数量较多，且现场还有其他参与急救的人员时，要镇定地分工合作，急救与呼救同时进行，以较快地争取到急救外援。

（6）搬运与急救相统一的原则。根据伤病情急救要求，采用合理运送器材和运送方式。在运送途中，争取时间继续抢救工作，以减少伤员的痛苦和死亡人数，平安到达目的地。

第四节　事故案例分析

事故案例 1

事故经过：2015 年 8 月 6 日早晨，某水电站组织 20 余人对扭曲变形和散股的起重机变幅钢丝绳进行更换，更换过程中发现变幅钢丝绳仅有 400m，而实际需要 480m，为达到更换目的，临时改变更换方法，将起重臂竖起，以缩短变幅钢丝绳安装长度。将原本平放于地面的起重臂升起并左转 90° 停靠在 2 号坝顶边缘上，再将原已穿好的 8 道钢丝绳拆除，重新穿绕。变幅钢丝绳回撤到最后一道时，钢丝绳发生跳槽，被起重吊臂顶端滑轮卡住。当操作人员爬到起重臂上查看时，钢丝绳突然向后滑动，门座式起重机后仰失去平衡，致使门座式起重机整体倾覆，事故现场照片见图 2-20。

事故造成在门机上作业的 10 名作业人员当场死亡，1 名在送医途中死亡，3 名在抢救中死亡，4 名受伤，直接经济损失 290 万元。

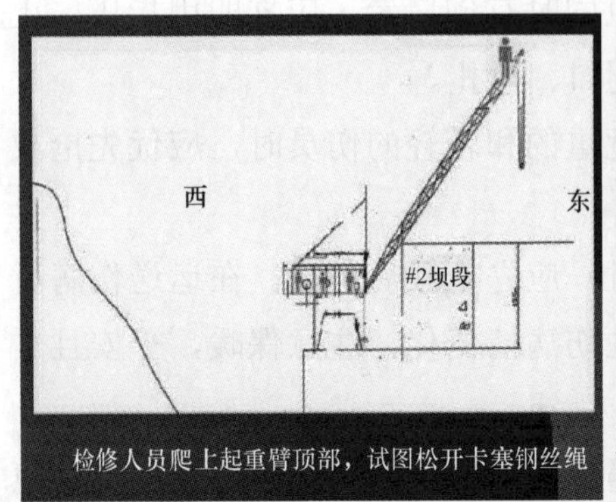

图 2-20　起重机整体倾覆事故现场

事故原因分析：

（1）在维修更换起重臂变幅钢丝绳的过程中，擅自更改作业方法，盲目采取未经论证且未采取有效保护措施的作业方案。

（2）门座式起重机将起重臂搁置在高于起重臂与根铰点的 2 号坝坝顶上，支撑点处于起重臂重心与根铰点之间且靠近根铰点。当松开变幅钢丝绳时，起重臂自重产生对起重机整体的倾覆力矩。此时，连同平衡重的自重形成的同方向力矩超过了起重机整体自重的稳定力矩，造成门机倾覆。

（3）水电站特种设备管理缺失。事故设备是 20 世纪 50 年代产品，已属报废设备。施工单位擅自启用安装，未向当地质检部门办理有关告知手续，未经质检部门安装监督检查，未办使用登记违法使用。

事故案例 2

事故经过：辽宁某风电场“4·22”12 号 Vestas 风机机舱火灾。2017 年 4 月 22 日，某风电场一台 Vestas 850kW 机组发生机舱着火事故，接到报警电话后，××县消防分队派一辆消防车于 16 点 40 分赶到 12 号风机事故现场，由于机舱高度超出消防车扬程，消防队无法对火灾进行扑救，为了避免事故扩大，风场会向消防队一同派人警戒，将周围道路封闭，风机周围 250m 范围内禁止人员靠近，12 号风机机舱明火于 18 时 40 分熄火。

事故原因分析：根据相关记录追溯，事故发生时，12 号风机还在并网发电状态，排除动力电缆及母排短路引起火灾的可能。在启动过程中，预充电回路中 K536A 和 K536B 接触器触点未闭合，导致 K537 接触器触点未分开，经确定系变频器预充电电阻 R560 长时间通过大电流发热引燃附近电缆，后火势蔓延烧毁部分机舱。其中暴露的问题有：

（1）风机部分元器件老化，急需检测或更换处理。

（2）风机内没有自动灭火装置，不能及时、有效控制火情。

（3）风场运维人员专业基础薄弱，对 AGC 控制调整情况了解不足。

（4）新能源公司本部生产技术管理人员对风电场技术管理和指导工作不到位，生产管理水平有待进一步加强和提高。

事故案例 3

事故经过：某风电项目施工现场，施工单位吊装作业队 50T 汽车吊在风机平台场地占好位，启动吊车后将机舱从吊车左边吊起，回转 180° 转至吊车右边准备装车，吊车右前支腿严重下沉，吊车突然倾翻、机舱坠落，吊车臂杆直接砸在机舱外壳上，机舱严重受损吊车右侧两支腿损坏，运输机舱的拖车转盘变形、拖板大梁开裂，驾驶员在吊车侧翻时及时跳车。事故发生后，业主单位及时组织参建单位进行现场施救，事故未进一步扩大，无人员伤亡。

事故原因分析：

（1）施工单位吊装作业队在吊装平台狭窄、基础软弱不满足吊装机械安全作业要求的情况下，50T 汽车吊操作人员程序有进行违章操作，汽车吊支腿没有全部打出，吊车右前支腿没垫钢板，起重时右支腿严重下沉，直接导致事故发生。

（2）监控人员在吊装过程未能及时发现安全隐患和制止违章作业，间接导致事故发生。

（3）在吊装转运现场，无施工单位管理人员及安全监控人员，并且施工单位未通知监理工程师和业主专业经理。

（4）施工单位吊装队现场指挥及操作人员安全意识淡薄，思想松懈，麻痹大意。

（5）施工单位对安全重视程度不够，对现场作业人员安全教育培训不到位。

（6）单位安全管理不到位，未严格执行公司有关吊装安全管理规定，防起重机械侵犯措施和吊装安全检查表要求。

事故案例 4

事故经过：2017 年 4 月 27 日，某光伏电站站内所有设备失压，随即站内运行人员对 110kV 线路高频保护及主变压器保护进行检查，发现 110kV 线路保护柜报 TV 三相失压、纵联弱电授。对站内 110kV 线路进行检查没发现异常。

电站与对端某变电站联系得知：对端跳闸，高频保护报零序Ⅰ段、接地距离Ⅰ段、C 相故障 41.6km，如图 2–21 所示。

事故原因分析：

（1）对 110kV 线路全线巡检，对 41.6km 处附近塔杆做重点巡查，发现 110kV 线 41km 之间第 114 号塔铁塔施工过程中一根临时拉线未拆除，

临时拉线在C相与B相中间，刮风时安全距离不够，导致C相与临时拉线之间放电。

（2）设备施工检修管理不到位，工作完成后未按规程要求对临时拉线进行处理，留下安全隐患。线路日常巡检工作存在漏洞，巡检人员责任心不强，未对线路进行全面巡检，未及时发现遗留的临时拉线。

（3）对施工单位技术培训工作不到位，施工检修人员未养成良好的工作习惯，在工作完成后未按规程要求清理相关工具，并检查进行确认。

图2－21　接地故障点

事故案例5

事故经过：2017年5月24日6时41分，内蒙古某公司检修部员工许某某在某风电场35kV五回线预试作业过程中，走错间隔，误上运行中的35kV四回线53号电杆，造成保护动作线路跳闸，许某某触电烧伤面积达二度21%、三度4%，构成严重人身未遂事故，且事后内蒙古某公司隐瞒不报，未向上级公司汇报相关情况。

事故原因分析：这是一起由于人员严重违反《电力安全工作规程》、违反“两票”管理标准、生产设施标准化不健全而造成的严重人身事故未遂事件，所幸由于作业人员劳动保护用品配备齐全，安全带使用正确，才未造成更为严重的后果，事故原因分析如下：

（1）作业人员许某某违反《电力安全工作规程 电力线路部分》5.5.5条及集团公司《工作票、操作票使用和管理标准》5.6.10条规定，未确认现场安全措施，在未核对设备状态、设备编号，未进行验电，未经工作监护人同意的情况下，擅自开始工作，误登上运行中的四回线53号杆，是造成此次事故的直接原因。

（2）工作负责人王某某违反《电力安全工作规程 电力线路部分》5.5.2、5.5.4条及集团公司《工作票、操作票使用和管理标准》5.3.8条规定，没有认真履行工作负责人的安全责任，对工作地点风机分布情况不掌握，工作中负责核对设备编号、验电，且负责箱式变电站避雷器的拆除工作，失去对工作的全程监护作用，未及时发现许某某擅自登塔作业的违章行为，是造成此次事故发生的主要原因。

（3）内蒙古某公司未吸取乌沙山“1·16”人员误操作事件教训。各风机塔筒未喷涂风机编号，各集电线路终端杆跌落式熔断器就地无设备名称及编号，箱式变电站及终端杆设备铭牌字迹模糊，不易辨认，且终端杆名称编号（四回线53号杆）与风机编号无关联，失去警示、提醒的作用，生产设施标准化管理有较大差距，是造成此次事故的间接原因。

（4）工作票中仅要求在首杆处悬挂“在此工作”标志牌，在其他工作地点无防止检修人员误入间隔的警示牌，违反《电力安全工作规程 电力线路部分》6.5条“在一经合闸即可送电到工作地点的断路器、隔离开关及跌落式熔断器的操作处，均应悬挂禁止合闸、有人工作标示牌”以及“工作地点或检修设备上悬挂在此工作牌”的规定；工作票内只填写了风机编号，而未填写实际进行工作的集电线路终端杆、箱式变电站名称、编号，不能直观区分；标准票库内未见集电线路检修标准票，工作票为工作前一天临时编写，无法保证安全措施的完整、准确。两票管理存在严重漏洞是造成此次事件的另一间接原因。

（5）本次工作是内蒙古某公司首次自行进行线路预试工作，事前未进行详尽的检修策划，现场勘察、危险点分析不足，未制定作业指导书、未组织进行安全、技术培训；检修人员精神状态不足；开工时工作负责人临时变更作业方案；且自己参与拆除工作，失去对工作的全程监护作用，反映出检修组织混乱，也是造成本次事件的间接原因。

事故案例 6

事故经过：2015 年 9 月 11 日 11 时许，某水电站副站长李某带领工人单某某、汽车驾驶员李某维修简易龙口泄洪闸门时，李某某在闸门启动箱处负责水位的观测和闸门启闭工作，单某某在闸门底部负责维修闸门作业，李某在闸门板顶端负责监护和协助闸门底部维修工人单某某。13 时 30 分许，在维修作业过程中，李某某发现简易龙口泄洪闸门上游大约 10m 处突来大水，赶紧启动闸门关闭按钮，此时大水已到简易龙口泄洪闸门处，将闸门底部未采取任何安全防护措施的单某某冲入下游河道，约 300m 远，溺水身亡，事故造成一人死亡，直接经济损失 100 万元。

事故原因分析：

（1）电站未制定闸门安全运行操作规程，未执行闸门维修操作票制度，致使上游水电站提闸排沙放水时未与下游水电站及时沟通联系。

（2）单某某在维修水电站泄洪闸门期间，安全意识淡薄，自我保护意识不强，未采取有效的安全保护措施，严重违章、冒险作业。

（3）水电站现场安全管理混乱，未认真履行安全生产管理职责，未对现场违章作业情况进行检查整治。

（4）工作负责人李某对维修现场安全管理不到位，发现工人违章作业时并未加以制止。

事故案例 7

事故经过：2015 年 3 月 31 日，某水电站 4 号引水隧道引导井一班 4 人郭某某、周某、谢某某、董某某准备进洞作业。郭某某将洞内空压机打开送风不到一小时，钻工谢某某、周某即进洞工作。约 20min 后郭某某、董某某一起进洞，在斜井 3～4m 处发现谢某某滚躺在斜井出渣口的木栏渣板旁边，满身血迹，身体挂在角铁上。郭某某急忙上去找周某，当上至斜井 80m 处时看到周某趴在作业面的小平台上。随后李某某、董某某、郭某某共同把谢某某救出直接送县医院，谢某某经抢救无效死亡。郭某某和李某某再次进洞去救周某，之后郭某某晕倒，李某某也感到不适遂转身往外爬，此时其他救援人员赶到，将郭某某救出，李某某自行走出洞外，后被送往县医院救治。最终被困人员周某被救出，但经检查确认周某已死亡。事故造成两人死亡两人受伤，直接经济损失 180 万元。

事故原因分析：

（1）电站 4 号隧道通风系统不健全，洞外通风风筒未安装风机且风带多处破烂，独头巷道无通风设备。工作面也无局部通风设备设施。

（2）谢某某、周某 2 人违反施工操作规程，在未经专用通风设备通风，也未进行洞内有毒有害气体和氧含量检测的情况下，擅自盲目冒险违章进入 4 号引水隧道导井进行前一天爆破后的排险作业。

（3）李某某、郭某某 2 人在作业人员周某、谢某某已严重缺氧窒息并摔伤的情况下，未配备必要的现场应急救援设备、现场救援环境不明、未采取防护措施就冒险进入隧洞导井，盲目采取不当救援方法组织施救，导致李某某、郭某某中毒受伤。

事故案例 8

事故经过：2021 年 5 月 4 日，±800kV 某特高压直流输电线路年度检修期间，在进行 1413 号塔耐张线夹 X 光无损伤检测作业过程中，发生一起人员高空坠落事故，造成探伤检测业务外包单位一名劳务人员死亡。线路运维、检修业务承担单位为某送变电公司，探伤检测业务承揽单位为某电力科技服务有限公司，探伤检测业务劳务分包单位为某建安总公司。

事故原因分析：经初步调查分析，事故暴露出，该省公司贯彻国家和公司安全生产部署不到位，特别是落实加强“五一”期间安全防范工作要求和“五查五严”风险隐患排查整治要求不力，安全生产管理存在诸多薄弱环节和问题。

（1）专业外委管理失责。送变电公司将涉及需要入网作业（登塔）才能实现的检测工作，专业外委给仅具备检测资质而不具备相应现场作业组织能力的某电力科技服务有限公司，对外委单位资质能力审核把关不严。

（2）作业组织管理失责。送变电公司执行“两票三制”不严，作业实施过程中，把探伤检测工作和实施人员纳入检修工作票后，未按《电力安全工作规程》要求执行工作任务单，未指定小组负责人和专责监护人，现场作业人员职责界面不清，安全履责不到位。

（3）作业风险管控失责。送变电公司未对节日期间作业风险进行提级管控，未按照四级风险管控标准安排探伤作业现场到岗到位把关，未安排安全督查队伍现场督查，视频监控设备配置数量不满足全覆盖要求，安管中心未能有效发挥作用，“四个管住”执行不到位。

事故案例 9

事故经过：老空压机房顶距地面 10.5m，房顶有 780mm 高的女儿墙。房顶共 10 台通风器。2021 年 5 月 17 日，运行人员发现此处 1 号通风器合闸后跳闸，检修人员测量发现该通风器的电机绝缘直流电阻不平衡，判断电机烧损，将该缺陷录入缺陷系统。

2021 年 5 月 21 日 16 时 10 分，办理维修部电气一次班老空压机房顶 1 号通风器电机检修工作票，工作负责人为卢某某，工作班成员共 4 人。

5 月 24 日 9 时，工作负责人卢某某对工作班成员进行安全交底后，作业人员对以 1 号通风器电机进行拆除，准备运回检修间。13 时 30 分，因吊运电机需要，增加了 3 名架子工（外委人员）和 1 名起重工（死者，维修部综合副班长王某某）。15 时，在老空压机房顶北侧靠近女儿墙处搭设好起吊支架，准备往下吊运电机。此时，地面有 5 人，其中 3 人用绳索控制电机主降，2 人负责用绳索牵引；房顶有 3 人，其中，1 人正在下爬梯，1 人准备下爬梯，王某某站在起吊支架内侧的左面负责吊运电机。15 时 19 分，王某某随起吊支架及电机突然坠落，准备下爬梯的人员欲伸手施救但未成功，王某某坠落至地面。

15 时 45 分，120 急救车到达现场对伤员进行抢救并送往市中心医院。16 时 10 分，经医务人员认定王某某已无生命体征。

事故原因分析：

（1）起吊时，吊运的电机超出起吊支架负载，导致起吊支架失稳。起重工王某某在距地面 10.5m 高的老空压机房顶作业，被失稳支架裹带、坠落至地面。

（2）该公司政治站位不高，安全发展理念不牢。没有真正落实集团公司安全生产工作要求，对近期发生的内外人身伤亡事故教训吸取不深刻，安全管控措施不到位。

（3）现场预控流于形式。作业安全措施票危险源及危险因素分析不到位，没有针对起吊工作开展安全风险分析，也没有针对此风险采取有效防控措施。

（4）现场安全管控失效。工作负责人为电气检修工，对起吊支架管理不严格，仅凭经验搭设，没有经过核算，没有固定，搭设完成也没有严格履行验收程序。

事故案例 10

事故经过：2018 年 5 月 20 日 20 时，某供电公司在进行 220kV 赣潭Ⅱ线线路参数测试工作过程中，作业人员直接拆除测试装置端的试验引线，线路感应电导致试验人员触电，工作负责人盲目施救，导致 2 人触电，经抢救无效死亡，构成一般人身事故，试验现场及事故演示图如图 2－22 所示。

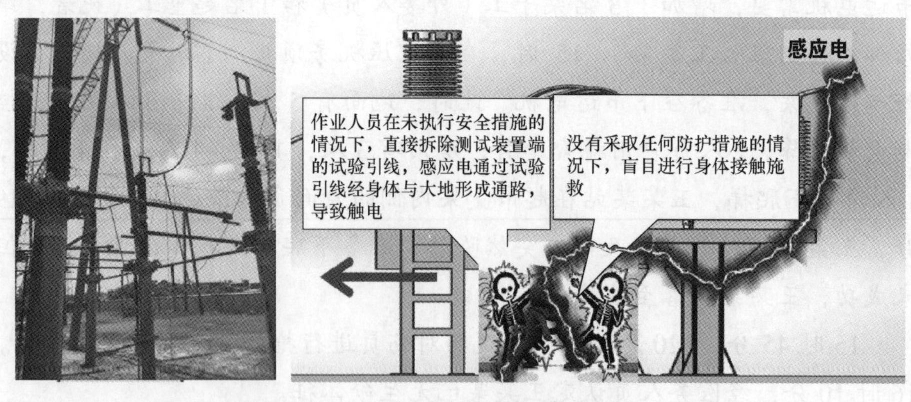

图 2－22　试验现场及事故演示图

事故原因分析：感应电主要存在于临近平行、交叉跨越带电线路或同塔并架线路部分线路停电（如图 2-23 所示），以及进线间隔隔离开关、门构架等处。从以往感应电电压测量试验情况看，在停电后不挂接地线时，500kV 母线最高感应电压可达 17.7kV，220kV 线路最高感应电压可达 10.8kV，66kV 线路最高感应电压可达 2.9kV。

交叉跨越

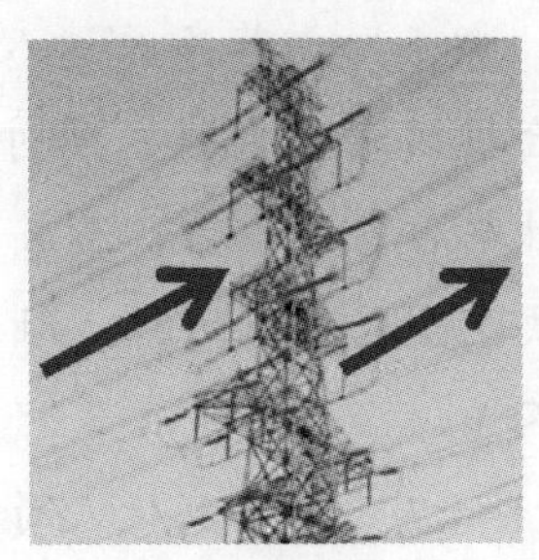

同塔并架

图 2-23　临近平行、交叉跨越、同塔并架线路

220kV 赣潭Ⅱ线与带电 220kV 赣坪线同塔并架 43 基，19.2km，未接地情况下感应电压非常高，作业人员如果接触到如此高的感应电压必将导致人身事故的发生。

（1）作业人员执行安全规程不到位，拆除测试装置端的试验引线前，未将试验线路接地，且未按规定使用绝缘鞋、绝缘手套、绝缘垫等安全工器具和劳动防护用品，是造成本次事故的直接原因。

（2）人员触电后，工作负责人在没有采取任何防护措施的情况下，盲目施救，造成施救人员死亡。

（3）《电力安全工作规程》《交流输电线路工频电气参数测量导则》明文规定："高压试验人员在测量接线及变更接线时，必须在被测线路两端均接地，防止感应电压触电。"规程规定写得清清楚楚，而作业人员未严格执行，是一起典型的严重违章。

（4）从现场工作票填写与执行情况检查看，组织技术安全措施不全，工作票中缺少本次作业最大的危险点——感应电伤人及预控措施。工作票层层审核把关不严，填写、签发、许可人员均未能起到把关作用。同时也暴露出，作业前未熟悉线路接线及运行方式，未考虑需要测试参数的 220kV

赣潭Ⅱ线与带电220kV赣坪线同塔并架，易产生感应电的危险点。

（5）作业计划没有纳入管控，作业前的安全交底流于形式，试验人员对线路参数测试期间何时应挂接地线不清楚，对作业流程和要求不掌握。针对当晚的工作也未能加强现场监督力量。监护人未履职尽责，未监督被监护人遵守《电力安全工作规程》和安全措施情况，及时纠正不安全行为。

（6）由劳务派遣人员担任工作负责人，作业人员在试验结束拆除试验接线时未接地，同时也未使用绝缘鞋、绝缘手套、绝缘垫等防护措施，触电后盲目施救，造成事故扩大。暴露出作业人员专业技术业务水平低，缺乏感应电压防护、触电急救等相关知识，安全意识淡薄、自我保护意识不强。

（7）到岗到位人员未履职尽责，未能监督现场安全措施落实，未能及时发现并制止现场出现的严重违章行为，现场安全监督严重“失位”。

（8）作业时间安排不合理。19时11分才开始试验，20时发生事故，当时已经黑天，光线不好，作业人员急于完成工作任务，心态浮躁，为图省事、省时，容易不按规定要求程序开展工作。

（9）安全技术培训力度不足，对《电力安全工作规程》、操作规程、触电急救知识掌握不清，致使作业人员业务素质不高，自我保护意识不强，安全防护技能较低。

第三章 新能源安全教育

三级安全教育制度是企业安全生产教育的基本教育制度之一。三级安全教育是指新入厂员工的厂级安全教育、车间级安全教育、岗位安全教育。企业必须对新工人进行安全生产的入厂教育、车间教育、班组教育；对调换新工种、复工、采取新技术、新工艺、新设备、新材料的工人，必须进行新岗位、新操作方法的安全卫生教育，受教育者，经考试合格后，方可上岗。根据公司组织机构设置，三峡能源三级安全教育分为：

（1）公司级安全教育，含公司总部各部门、区域公司、公司建管中心等开展的安全教育。主要是宣讲安全生产和劳动保护法律法规，介绍企业的安全概况、安全发展史、安全文化、企业价值理念、安全生产规章制度等。一般由企业安全教育部门负责，授课时间为4～16课时。

（2）场站级安全教育，含各场站、项目部等开展的安全教育。主要是宣讲介绍各场站、项目部基本概况、安全生产技术基础知识、安全工器具和劳动防护用品穿戴、消防知识、安全操作规程制度、反事故能力等安全生产措施的知识。一般由安监人员负责，授课时间一般需要4～8课时。

（3）班组级安全教育，主要是针对各岗位开展的安全教育。主要宣讲本班组的生产特点、作业环境、危险区域、设备状况、消防设施、岗位安全操作规程和岗位责任、安全生产制度规范、事故隐患排查治理、设备消缺、劳动保护用品、安全文明生产、安全操作示范等现场规程规范的应用等。

第一节　公司级安全教育

一、企业安全文化

公司安全生产工作以习近平总书记关于安全生产工作的重要论述为指导，坚持以人为本，生命至上，坚守发展决不能以牺牲安全为代价这条不可逾越的红线。坚持“安全第一、预防为主、综合治理”的方针，按照“体系完备、规范有序，统一领导、责权清晰，分级管理、分类指导，全员参与、全程管控，审慎严格、可控在控”的原则，不断完善安全生产管理体系，落实各级安全生产领导责任，强化安全生产分类分级管控，实施全员全过程安全监管，有效控制重大安全风险和隐患，防范遏制各类生产安全事故，全力推进本质安全型企业建设。

公司对安全生产工作实施分类分级监督管理。根据主营业务范围、安全生产风险程度和经营规模情况对各单位进行类别划分，明确相应的管理原则和管理要求，分类实施针对性管理；对安全目标、风险、隐患、事故（事件）和应急响应等管控要素进行等级划分，明确相应的管理范围和管控层级，分级实施有序性管理。

所属各单位应切实履行安全生产主体责任，严格遵守安全生产政策法规和公司安全管理制度要求，加强安全生产管理，建立健全安全生产规章制度，改善安全生产条件，推进安全生产标准化建设，提高安全生产水平，确保安全生产。

公司各级工会组织依法组织员工参加本单位安全生产工作的民主管理和民主监督，维护员工在安全生产方面的合法权益。公司及各单位制定或修改有关安全生产的规章制度，应当听取工会的意见。

二、安全生产基本规定

1. 目标与计划

公司安全生产总目标是全面实现安全生产零事故、零死亡的“双零”

管理目标，创建人员遵章、设备可靠、环境安全、管理先进的本质安全型企业。公司安全生产年度控制目标为：

（1）不发生较大及以上生产安全事故；

（2）不发生承担主要责任的人身死亡事故；

（3）不发生垮坝、漫坝、溃坝事故；

（4）不发生电力安全事故；

（5）不发生对社会影响大、影响公司声誉的安全事件和自然灾害处置不力事件；

（6）不发生瞒报、谎报事故行为；

（7）工程建设亿元建安投资死亡率持续下降；

（8）重大安全风险可控在控。

公司及各单位应根据自身安全生产实际，制定总体目标和年度安全生产控制目标，并纳入公司及各单位总体生产经营目标管理。各单位安全生产目标应与本单位的安全风险相匹配，不得低于公司安全生产目标。

公司及各单位应明确目标的制定、分解、实施、检查和考核等各环节要求，并按照各部门和各单位承担的业务职能，将目标逐级分解为具体控制指标，确保落实。

公司及各单位应定期对目标和指标的实施情况进行评估和考核，并结合实际及时进行调整。

公司及各单位应在每年年初编制并发布年度安全生产工作计划，对安全生产管控目标、安全生产投入、年度安全生产重点工作进行部署安排，有序组织落实，在年末进行总结并报送上级单位有关部门。

2. 安全生产组织体系

公司必须成立安全生产委员会。安全生产委员会主任由公司总经理担任，副主任由公司分管安全负责人、安全总监担任，成员由公司其他领导班子成员、高管、各部门主要负责人（不含公司纪委、纪检监察部主要负责人）组成。安全生产委员会成员发生变化时，应及时根据变化情况相应调整委员会成员。

公司安全生产委员会办公室设在公司安全生产监督管理部门，负责公司安全生产委员会日常管理工作，对各单位安全生产管理工作实施监督管理。公司安全生产监督管理部门主任兼任安全生产委员会办公室主任，全面负责安全生产委员会办公室工作。

各单位应成立安全生产委员会，主任由各单位总经理（或主持工作的副总经理）担任，副主任由分管安全负责人、安全总监（如有）担任，成员由各单位其他领导班子成员、高管、各部门主要负责人组成。各级安全生产委员会成员发生变化时，应及时根据变化情况相应调整委员会成员。

公司作为集团公司安全生产监管第一类单位，设置独立的安全生产监督管理部门，设安全总监职位。在所属安全生产风险程度较高单位设置独立安全生产监督管理部门，设安全总监职位。

各区域管理机构、设置部门的海上风电项目公司、中小水电项目公司应认真落实《安全生产法》等法律规定和公司文件要求，设置独立的安全生产监督管理部门，配备数量足够的安全生产监督管理人员，强化安全生产管理。不设部门的项目公司、集控中心及片区检修中心应按公司要求，配备专（兼）职安全员，落实安全生产管理工作。

公司建立安全生产保障体系和监督体系，公司、各单位及设置部门的项目公司安全生产监督管理部门和专（兼）职安全员是安全生产监督体系的组成部分，对公司、各单位及各项目公司的安全生产工作实施监督管理。除安全生产监督管理部门外，公司、各单位及设置部门的项目公司其他所有部门、各项目公司班组是安全生产保障体系的组成部分，为公司、各单位及各项目公司安全生产工作提供支持和保障。

3. 安全生产责任制

按照“统一领导、落实责任、分级管理、分类指导、全员参与”和“谁主管，谁负责”的原则，逐级建立健全安全生产责任制。

公司安委会是公司安全生产工作的领导机构，负责研究决策公司安全生产工作的重大问题，并依据国家有关法律法规和公司《安全生产委员会工作规则》履行相应责任。

公司领导、高管、各部门、工会委员会及总部员工的安全生产责任执行公司《总部负责人及部门安全生产责任清单》。

各单位党政主要负责人同为安全生产第一责任人，对本单位安全生产工作负总责，依法履行以下职责：

（1）建立、健全并落实本单位安全生产责任制；

（2）组织制定并落实本单位安全生产规章制度和操作规程；

（3）组织制定并实施本单位安全生产教育和培训计划；

（4）保证本单位安全生产投入的有效实施；

（5）督促、检查本单位的安全生产工作，及时消除生产安全事故隐患；

（6）组织制定并实施本单位的生产安全事故应急救援预案；

（7）及时、如实报告生产安全事故。

各单位分管生产的负责人统筹组织分管范围内各项安全生产制度和措施的落实，完善安全生产条件，对安全生产工作负重要领导责任。

各单位分管安全生产工作的负责人协助主要负责人落实各项安全生产法律法规、标准，统筹协调和综合管理安全生产工作，对安全生产工作负综合管理领导责任。

各单位安全总监是安全生产领域的第一监督管理者，协助第一责任人履行安全生产职责，承担安全生产监督管理责任。

各单位其他负责人应按照分工抓好分管范围内的安全生产工作，对主管范围内的安全生产工作负领导责任。

各单位安全生产监督管理部门依法履行以下安全生产责任：

（1）组织或者参与拟定本单位安全生产规章制度、操作规程和生产安全事故应急救援预案；

（2）组织或者参与本单位安全生产教育培训，如实记录安全生产教育和培训情况；

（3）督促落实本单位重大危险源的安全管理措施；

（4）组织或者参与本单位应急救援演练；

（5）检查本单位的安全生产状况，及时排查生产安全事故隐患，提出改进安全生产管理的建议；

（6）制止和纠正违章指挥、强令冒险作业、违反操作规程的行为；

（7）督促落实本单位安全生产整改措施。

各单位其他部门及全体从业人员应按照本单位安全生产责任清单履行相应安全生产责任。

4. 双重预防机制

公司及各单位应建立健全安全风险分级管控和隐患排查治理双重预防机制，通过安全风险辨识评价、分级管控和事故隐患排查、整改、消除的闭环管理，强化源头管控和过程管理，把风险控制在隐患形成之前、把隐患控制在事故之前，有效预防事故。

公司组织各单位每年应至少全面开展一次安全风险辨识评价工作，全方位、全过程辨识设备设施、作业环境、人员行为和管理体系等方面存在的安全风险。应综合考虑起因物、引起事故的诱导性原因、致害物、伤害方式等，确定安全风险类别。

当标准规范出现重大调整、生产设备设施出现重大改进、作业环境出现重大变化、生产过程出现重大不符合项及发生事故（事件）等，必须及时重新开展风险辨识评价，制定并落实相应的控制措施。

安全风险评价，公司一般采用“作业条件危险性评价法”（LECD评价法）来评价工作人员在具有潜在危险环境中作业的危险性。安全风险等级从高到低划分为重大风险、较大风险、一般风险和低风险，分别用红、橙、黄、蓝四种颜色标示。

（1）安全风险分级管控。

1）重大安全风险、较大安全风险是公司重点管控的安全风险。各部门、各单位必须通过制定管控目标、管理方案（措施）实施控制，对于可能引起重大人身伤害和财产损失的应制定应急预案、开展演练进行控制。其中，重大安全风险应填写清单、汇总造册，按照职责范围报告属地负有安全生产监督管理职责的部门，同时报送公司，由公司安全生产监督管理部门向上级单位报送。

2）一般安全风险、低风险是通过技术改造、经营管理、培训教育、安全防护和应急处置等进行控制的安全风险。

各部门、各单位应定期组织检查安全风险管控方案（措施）的落实情况。

各单位应加强安全风险教育和技能培训，确保管理层和每名员工都掌握安全风险的基本情况及防范、应急措施。要在醒目位置和重点区域分别设置安全风险公告栏，制作岗位安全风险告知卡，标明主要安全风险、可能引发事故隐患类别、事故后果、管控措施、应急措施及报告方式等内容。对存在重大安全风险的工作场所和岗位，要设置明显警示标志，并强化危险源监测和预警。

（2）隐患排查治理。公司及各单位应明确和细化隐患排查的事项、内容和频次，并将责任逐一分解落实，推动全员参与自主排查隐患，尤其应强化对存在重大风险的场所、环节、部位的隐患排查。

各单位应结合安全生产的需要和特点，采用综合检查、专项检查、季节性检查、节假日检查、日常检查等形式进行隐患排查。

工程建设项目每季度应至少组织开展一次综合检查，建设单位主要负责人应亲自带队，实施分区检查。

公司及各单位应通过交叉检查、飞行检查、“回头看”检查等方式，掌握现场真实情况，督促隐患及时整改到位。

公司及各单位对发现的隐患应进行等级划分，并制定隐患治理方案和治理清单，按照职责分工实施分级监控治理、逐项整改销号。

对于排查发现的重大事故隐患，有关单位应向公司和地方有关政府部门报告，并按照责任、措施、资金、时限和预案“五落实”要求实现隐患排查治理的闭环管理。对于隐患整改过程中无法保证安全的，应停产停业或者停止使用相关设施设备，及时撤出相关作业人员，必要时向地方有关政府部门提出申请，配合疏散可能受到影响的周边人员。

公司及各单位对重大事故隐患实行分级挂牌督办。

各单位应建立隐患排查治理奖励机制，明确列支专项费用，用于隐患排查整改。

重大隐患治理情况应向相关政府部门和公司职代会同时报告，隐患治理完成后，相关单位应按照有关规定对治理情况进行评估、验收。

5. 职业病防治

公司及各单位应为员工提供符合职业卫生标准和卫生要求的工作环境和条件，建立、健全职业卫生档案和健康监护档案。为从事接触职业病危害作业的员工提供职业病防护设备和个人使用的职业病防护用品。

公司及各单位在与员工签订劳动合同（含聘用合同）时，应将工作过程中可能产生的职业病危害及其后果和防护措施如实告知从业人员，并在劳动合同中写明。

公司及各单位应组织对从事接触职业病危害作业的员工进行上岗前、在岗期间、特殊情况应急后和离岗时的职业健康检查，对检查结果异常的员工，应及时安排就医，并定期复查。不得安排未经职业健康检查的作业人员从事接触职业病危害的作业；不得安排有职业禁忌的人员从事禁忌作业。

各单位应在产生职业病危害的工作场所、作业岗位、设备、设施设置相应的职业病危害防护设施，并在醒目位置设置警示标识和警示说明；应按要求对职业病危害因素进行日常监测和定期检测，确保现场条件符合相关法律法规和标准规范要求。

各单位应对可能发生急性职业损伤的有毒、有害工作场所，设置检验报警装置，制定应急预案，配置现场急救用品、设备，设置应急撤离通道和必要的泄险区，定期检查监测。

各单位应按照有关规定，及时、如实向所在地卫生健康管理部门申报职业病危害项目，并及时更新信息。

6. 安全生产教育和培训管理

公司及各单位应建立健全安全生产的教育和培训制度，落实企业负责人、安全生产管理人员、特种作业人员的持证上岗制度和培训制度。

公司总部和各单位主要负责人、分管安全负责人、安全总监、安全生产管理人员以及各项目公司负责人、专（兼）职安全员等必须具备相应的安全生产知识和管理能力，应经培训并考核合格。

从业人员的安全教育，新入单位所有人员（生产人员、劳务派遣人员、实习人员等）的三级安全教育，复岗、换岗人员的安全教育，新岗位、新操作方法的安全技术教育和实际操作训练等，由各单位自行组织培训。

特种作业人员必须按照国家有关规定经有资质培训机构的安全作业培训，取得特种作业操作资格证书，方可上岗作业，并按规定定期复审。

海上风电运维人员应按有关要求获取国家和项目所在地海事部门认可的培训证书，海上风电施工船舶的船员应按有关要求获取《熟悉和基本安全培训合格证》《精通救生艇筏和救助艇培训合格证》《高级消防培训合格证》《精通急救培训合格证》等证书，熟练掌握船舶救生、消防、急救及艇

筏操纵方面的相关技能。

新工艺、新技术、新材料、新设备设施投入使用前，应对有关操作岗位人员进行专门的安全教育和培训。

内部调整工作岗位或离岗 6 个月以上的生产岗位操作人员，应重新进行安全教育培训并经考核合格后方可再上岗。有关行业有特殊规定的，从其规定。

相关方和外来人员教育培训要求有以下两方面：

（1）各单位应督促所属承包方、分包方、供货方等相关方按照法律法规和合同约定，组织开展现场作业人员的安全交底和日常培训，使相关人员知悉施工作业中潜在的安全风险及其防范措施、安全注意事项、安全处罚规定、事故应急救援预案等。各单位应不定期组织开展对相关方培训情况的检查，确保培训要求能得到有效执行。

（2）各单位应对检查、参观、学习等外来人员进行安全规定、可能接触的危险有害因素、安全防护措施和应急知识等方面的安全教育。

公司及各单位应开展安全教育培训并建立安全教育培训档案，如实记录安全教育培训过程。

公司及各单位应积极采用脱产培训、班前会教育等培训形式，利用网络与多媒体教学手段，开展员工安全教育培训。鼓励聘用注册安全工程师从事安全生产管理工作。

7. 安全费用

公司及各单位应当具备安全生产条件所必需的资金投入，由公司及各单位决策机构、主要负责人予以保证，并对由于安全生产所必需的资金投入不足导致的后果承担责任。

国家部委已明确安全费用提取标准的，应按规定提取和使用安全费用，不得挤占、挪用。国家部委未明确安全费用提取标准的，应按照预算管理的要求在成本中列支安全生产费用，用于配备劳动防护用品、进行安全生产培训等，保证安全生产条件。

工程建设单位应在招标文件中提出明确的安全费用管理要求，并不得将其列入竞争性报价。工程建设单位应加强安全费用监督管理，按照“按需投入、据实计量结算、保证安全”的原则，及时、足额支付安全费用。

公司及各单位应不定期开展安全费用检查，每年检查次数不少于1次。

公司及各单位应建立安全费用台账，定期统计分析安全费用投入情况，认真总结安全费用管理工作经验、有效做法和存在问题，提出安全费用使用安排及有关建议；每年年底对安全费用情况进行统计分析并向上级单位有关部门报备。

8. 相关方管理

公司及各单位在进行项目发包时，应对承包方安全生产资质和条件进行严格审查和准入，不得将项目发包给不具备安全生产条件或相应资质的单位或个人。应在项目招标文件中对投标单位的资质、安全生产条件、安全生产费用使用、安全生产保障措施等提出明确要求。

公司及各单位将项目、场所发包或者出租给其他单位的，应与承包方、承租方签订专门的安全生产协议，或在承包合同、租赁合同中约定各自的安全生产管理职责。严禁发生有关法规和文件明令禁止的转包、违法发包和挂靠等行为。

公司及各单位应将管理范围内的承包方、分包方、监理方和供货方等合同相关方的安全生产管理纳入本单位安全生产管理体系，对其安全生产工作统一协调、管理。应通过签订安全生产责任书、定期开展安全检查和考核等方式，对相关方的资格预审、选择、作业人员培训、作业过程检查监督、提供的产品与服务、绩效评估、续用或退出等实施管理。

公司及各单位应督促合同承包方将其分包单位纳入安全管理体系，严格执行职工带班管理要求，严禁以包代管。

公司及各单位应建立合格相关方的名录和档案，定期开展相关方安全绩效评价。对于出现转包、违法分包和挂靠等违法行为、发生较大及以上生产安全事故、瞒报事故等严重失信行为的相关方，按照公司有关规定禁止其参加公司招投标项目的投标。

9. 应急管理

公司成立应急管理领导小组，统一领导公司应急管理工作。各单位应按照有关规定建立应急管理组织机构，明确应急管理部门或人员，建立与本单位安全生产特点相适应的应急救援体系。

公司及各单位应急预案体系由综合应急预案、专项应急预案和现场处置方案构成，应急预案管理遵循属地为主、分级负责、分类指导、综合协调、动态管理的原则。

公司及各单位应在开展安全风险评估和应急资源调查的基础上，建立生产安全事故应急预案，并与有关政府部门生产安全事故应急预案相衔接。应急预案经评审、发布后，按规定向当地政府主管部门和上级单位备案，并及时通报应急救援队伍、周边企业等有关应急协作单位。

公司及各单位应急预案应每三年至少进行一次评估，对预案内容的针对性和实用性进行分析，并对应急预案是否需要修订作出结论。有下列情形之一的，应急预案应及时修订并归档：

（1）法律、法规、规章、标准及上位预案中的有关规定发生重大变化的；

（2）应急指挥机构及其职责发生调整的；

（3）面临的事故风险发生重大变化的；

（4）重要应急资源发生重大变化的；

（5）预案中的其他重要信息发生变化的；

（6）在应急演练和事故应急救援中发现问题需要修订的；

（7）编制单位认为应当修订的其他情况。

公司及各单位应根据可能发生的事故种类特点，按照规定设置应急设施，配备应急装备，储备应急物资，建立管理台账，并定期检查、维护、保养，确保其完好、可靠。

公司及各单位应制定年度应急预案演练计划，根据事故风险特点，每年至少组织一次综合应急预案演练或专项应急预案演练。

公司及各单位应根据突发事件的种类和特点，建立健全突发事件监测体系，完善监测网络，划分监测区域，确定监测点，明确监测项目，配备必要的监测设备、设施和专兼职人员，对可能发生的突发事件进行监测。

公司及各单位应当建立和完善突发事件预警发布机制，确保突发事件预警信息及时、准确传递到受影响的单位和个人。

突发事件发生后，责任单位应针对突发事件性质、特点和危害程度，立即启动应急响应程序，调动应急救援力量，按有关规定和应急预案采取应急处置措施。

应急工作涉及两个及以上单位的，由各相关单位自行协商，明确牵头单位并按各自职责分工对本单位应急管理工作负责，特殊情况报公司决策实施。

10. *生产安全事故管理*

生产安全事故的报告和调查处理按集团公司生产安全事故报告及处理有关要求和公司《生产安全事故报告和调查处理规定》执行。

公司建立生产安全事故通报约谈机制。人员死亡事故或有较大影响的其他生产安全事故发生后，公司将事故情况在公司范围内通报，相关方发生的事故还要通报至相关方上级主管单位、约谈相关方有关负责人，并组织开展警示教育。

三、安全生产奖惩规定

1. *表彰和奖励*

公司将各单位安全生产检查考核的管理目标作为年度业绩考核的重要内容，按照集团公司安全生产考核办法有关规定内容，每年对各单位安全生产进行考核，考核结果直接计入年度业绩考核。

公司设立安全生产表彰和奖励。表彰和奖励名称设为安全生产先进单位、安全生产先进个人两类。

满足下列全部条件的，可以推荐为先进单位：

（1）实现年度安全生产目标考核总分 95 分以上的；

（2）年内未发生一般设备事故、人身重伤及以上事故；

（3）安全生产机构、制度、人员等健全、落实；

（4）安全生产资料手续完备，档案清晰、齐全；

（5）各类工作报表报送及时。

满足下列条件之一的，可以推荐为先进个人：

（1）在完成年度安全生产工作中，工作成绩突出；

（2）及时发现事故隐患，避免了重大人身伤亡事故和设备、电网事故的发生；

（3）发生事故时，处理及时、果断、准确，防止了事故扩大，或为事故抢险做出重大贡献；

（4）运用先进的管理手段、技术、方法等，安全生产取得显著成效。

表彰奖励名额的确定：

（1）安全生产先进单位。根据各单位生产规模和管理特点，由公司安委会每年确定安全生产先进单位奖励名额。

（2）安全生产先进个人。根据各单位生产规模和管理特点，由公司安委会每年确定安全生产先进个人奖励名额。

表彰奖励程序：

（1）达到安全生产先进单位条件的，由各部门、各单位推荐，经公司安委会办公室初审并报安委会审核、总经理办公会审定后，形成奖励决定并由相关职能部门执行；

（2）达到安全生产先进个人条件的，由各部门、各单位推荐，经公司安委会办公室初审并报安委会审核、总经理办公会审定后，形成奖励决定并由相关职能部门执行。

2. 惩处

事故调查组依据国家、集团公司和公司有关安全生产法律法规及制度，按照“四不放过”的原则，对管理范围内存在安全生产违规行为和发生生产安全事故的责任单位、责任人员，根据事故等级、事故性质和情节程度进行惩处。

对事故责任单位的惩处按照公司绩效考核制度实施年度安全考核。对事故责任人员的惩处按照本办法相关条款实施。

事故惩处分为违规处理、经济处罚，惩处具体类别和等级，参照公司有关奖惩办法的相关规定执行。

以下从事故责任、惩处程序、惩处对象、各类事故惩处量刑分别阐述。

（1）事故责任分为主要责任和非主要责任：

1）事故主要责任是指直接导致事故发生，对事故承担主体责任，包括本单位管理的员工发生生产安全事故承担主要责任的，或因失职、渎职、违章指挥等行为直接造成承包商、分包商发生生产安全事故的。

2）事故非主要责任指间接导致事故发生，对事故负有管理责任、监管责任、次要责任或一定责任等，包括本单位管理的员工发生生产安全事故承担次要责任的，或者因管理区域内承包商、分包商发生生产安全事故承担监管责任的。

（2）事故惩处程序：

1）内部事故调查组出具《内部事故调查报告》报公司安委会审议决定。

2）公司安委会根据《内部事故调查报告》或政府《事故调查报告》提出的事故责任人、责任单位名单，审定惩处意见。

3）根据审定的惩处意见，按行政管理隶属关系执行对事故有关责任人员的惩处。事故责任单位对内部有关责任人惩处，需上报公司安委会备案。

（3）事故惩处对象。事故责任单位的责任人员惩处分为以下三个层级：

1）事故责任单位第一层级责任人员为：公司党政正职、相关副职、未履职尽责的安全总监。对事故责任单位第一层级责任人员惩处依照三峡集团公司安委会处理决定执行。

2）事故责任单位第二层级责任人员为：区域管理机构党政正职、相关副职、未履职尽责的安全总监（如有）。

3）事故责任单位第三层级责任人员为：区域管理机构责任部门负责人，项目公司主要负责人、（事故发生时）现场主要负责人。

在该惩处范围以外的相关人员由各有关单位根据本单位安全生产奖惩办法实施惩处。

（4）重特大事故的惩处。根据政府事故调查组的调查结论和事故责任的划分，按以下规定，对事故有关责任者进行惩处。

1）对事故承担主要责任的单位。

a. 对区域管理机构责任部门负责人，项目公司主要负责人、（事故发生时）现场主要负责人给予撤销行政职务处分，并按上一年税后年收入（不包括特别奖励、专项奖励等，下同）80%～100%扣发薪酬。

b. 对区域管理机构党政正职、相关副职、对未履职尽责的安全总监给予撤职处分，并按上一年税后年收入 80%～100%扣发薪酬。

c. 如人员涉嫌违法行为，将移送司法机关依法追究法律责任。

2）对事故承担非主要责任单位。

a. 对区域管理机构责任部门相关负责人，项目公司主要负责人、（事故发生时）现场主要负责人给予撤销行政职务（降一级）至撤销行政职务处分，并按上年收入的 40%～80%扣发薪酬。

b. 对区域管理机构党政正职、相关副职、对未履职尽责的安全总监（如有）给予记大过至撤销行政职务处分，并按上年收入的20%～80%扣发薪酬。

（5）较大事故的惩处。根据政府事故调查组的调查结论和事故责任的划分，按以下规定，对事故有关责任者进行惩处。

1）对事故承担主要责任的单位。

a. 对区域管理机构责任部门相关负责人、项目公司主要负责人、（事故发生时）现场主要负责人给予撤销行政职务（降一级）至撤销行政职务处分，并按上年收入的40%～80%扣发薪酬。

b. 对区域管理机构党政正职、相关副职、对未履职尽责的安全总监（如有）给予记大过至撤销行政职务（降一级）处分，并按上年收入的20%～40%扣发薪酬。

c. 如人员涉嫌违法行为，将移送司法机关依法追究法律责任。

2）对事故承担非主要责任单位。

a. 对区域管理机构责任部门相关负责人、项目公司主要负责人、（事故发生时）现场主要负责人给予记大过至撤销行政职务（降一级）处分，并按上年收入的20%～40%扣发薪酬。

b. 对区域管理机构党政正职、相关副职、对未履职尽责的安全总监（如有）给予记过至记大过处分，并按上年收入的10%～20%扣发薪酬。

（6）一般事故的惩处。依据公司《内部事故调查报告》或政府《事故调查报告》划分事故责任，按照从严处罚的原则，结合安委会对事故的审定意见，按以下规定，对事故有关责任人员进行惩处：

1）发生一次死亡2人，或者死亡1人同时有重伤且合计3人以上的，或者一次重伤5人以上10人以下的，或者直接经济损失100万元以上1000万元以下的事故。

a. 对事故承担主要责任的单位。

a）对区域管理机构责任部门相关负责人、项目公司主要负责人、（事故发生时）现场主要负责人给予记大过处分，并按上年收入的20%扣发薪酬。

b）对区域管理机构党政正职、相关副职、对未履职尽责的安全总监（如有）给予记过处分，并按上年收入的10%扣发薪酬。

b. 对事故承担非主要责任的单位。

a）对区域管理机构责任部门相关负责人、项目公司主要负责人、（事故发生时）现场主要负责人给予记过处分，并按照按上年收入 10%扣发薪酬。

b）区域管理机构党政正职、相关副职、对未履职尽责的安全总监（如有）给予诫勉（警示）谈话，并按上年收入的5%扣发薪酬。

2）发生一次死亡1人，或者重伤2人以上5人以下，或者直接经济损失30万元以上100万元以下的事故。

a. 对事故承担主要责任的单位。

a）对区域管理机构责任部门相关负责人、项目公司主要负责人、（事故发生时）现场主要负责人给予记过处分，并按照按上年收入 10%扣发薪酬。

b）区域管理机构党政正职、相关副职、对未履职尽责的安全总监（如有）给予诫勉（警示）谈话，并按上年收入的5%扣发薪酬。

b. 对事故承担非主要责任的单位。

a）对区域管理机构责任部门相关负责人、项目公司主要负责人、（事故发生时）现场主要负责人给予诫勉（警示）谈话，并按上年收入的 5%扣发薪酬。

b）对区域管理机构党政正职、相关副职、对未履职尽责的安全总监（如有）给予诫勉（警示）谈话，并按上年收入的5%扣发薪酬。

3）发生其他一般事故。

a. 事故承担主要责任的单位。

a）对区域管理机构责任部门相关负责人、项目公司主要负责人、（事故发生时）现场主要负责人诫勉（警示）谈话，并按上年收入的5%扣发薪酬。

b）对区域管理机构党政正职、相关副职、对未履职尽责的安全总监（如有）诫勉（警示）谈话，并按上年收入的5%扣发薪酬。

b. 对事故承担非主要责任的单位。由事故责任单位按照本单位相关事故管理规定实施相应处罚。

一般电力安全事故（事件）、未遂事故、政府部门行政处罚等情况视情节严重程度参照上述标准，根据公司安委会决议执行。

（7）对隐瞒事故的惩处。

1）隐瞒已经发生的事故，超过规定时限未向安全监管监察部门和有关部门报告，经政府安全监管监察部门和有关部门查证属实的，属于瞒报。对涉嫌违法犯罪的相关责任人员，依法移送司法机关处理。同时，对有关责任单位相关责任人，参照《安全生产工作奖惩暂行办法》第二十二条第一款对较大事故承担主要责任单位的责任人查处规定实施惩处。

2）经过公司内部调查发现瞒报情况属实的，虽然地方安全监管监察部门和有关政府部门未定性为瞒报事故，本着从严治企的原则，内部界定为存在事故瞒报情节。公司仍将对有关责任单位相关责任人，参照《安全生产工作奖惩暂行办法》第二十二条第二款对较大事故承担非主要责任单位的责任人查处规定实施惩处。

3）在对事故进行调查过程中，有下列行为之一的，对有关责任人员，给予警告、严重警告处分；情节较重的，给予降岗（降级）处分。涉嫌违法犯罪的，移送司法机关处理。

a. 隐瞒事故重要情节的；

b. 组织或者参与破坏事故现场、出具伪证或者隐匿、转移、篡改、毁灭有关证据，阻挠事故调查处理的；

c. 躲避、阻碍、干扰事故调查的。

（8）其他惩处。

1）对生产作业过程中应预见的风险，未采取必要的防范措施，导致在地质灾害、自然灾害中造成人员伤亡的以及在非生产作业环节发生责任事故的，参照同级别的生产安全事故，根据《安全生产工作奖惩暂行办法》对相关责任人实施惩处。

2）对未构成一般以上事故等级，但性质恶劣、对公司影响较大的事故、未遂事故和险情，由公司内部事故调查组根据《安全生产工作奖惩暂行办法》提出惩处建议，经安委会审定后进行处理。

3）对经安全检查、隐患排查等已确认的事故隐患，由于整改不力，未能采取措施及时解决发生事故的，对隐患整改的责任人从重处分。

3. 监督与投诉

公司对安全生产先进单位、先进个人的表彰与奖励及处罚接受公司所有员工的监督。

安全生产不符合国家安全生产法律法规、规程规范、合同和内部企业标准（规章制度）/业务流程的规定（如发现安全隐患不消除、安全管理不作为、安全措施不到位以及谎报、瞒报安全事故等违规、违法现象），内部、外部单位和个人用口头、书面或电子邮件等方式向质量安全部提出投诉，并经核实、确认事实成立。公司质量安全部应及时掌握和处理员工投诉，并将投诉核实情况和处理结果及时反馈投诉人。

对公司事故惩处意见存在异议的，可向内部事故调查组提出书面申诉意见，经核实并提请安委会审议后决定。

四、事故调查规程

1. 事故定义和等级

根据事故造成人员伤亡的数量、直接经济损失的数额以及影响电力系统稳定运行或电力供应的程度，事故分为特别重大事故、重大事故、较大事故、一般事故。

直接经济损失是指因事故造成人身伤亡及善后处理支出的费用和毁坏财产的价值。

人身事故，是指在生产经营和工程建设等活动中发生的人身伤亡。根据国家有关规定，事故造成的人员伤亡情况，人身事故分为以下等级：

（1）特别重大事故：一次事故造成 30 人以上死亡，或者 100 人以上重伤；

（2）重大事故：一次事故造成 10 人以上 30 人以下死亡，或者 50 人以上 100 人以下重伤；

（3）较大事故：一次事故造成 3 人以上 10 人以下死亡，或者 10 人以上 50 人以下重伤；

（4）一般事故：造成 3 人以下死亡，或者 10 人以下重伤，或者 1000 万元以下直接经济损失的事故。

2. 事故报告

事故发生后，事故报告程序如下：

一般事故及以上等级事故发生后，事故发生单位应当及时编制生产安全事故快报，按本规定的报告流程迅速报告。

（1）事故现场有关人员应当立即向本单位负责人报告。

（2）事故发生单位负责人接到报告后，必须于1h内以手机短信等形式逐级向上一级单位负责人、值班室和安全管理部门报告。同时，向当地安全监管、能源派出机构等有关部门报告。事故书面报告必须于4h内报送至公司安全管理部门，公司安全管理部门及时报送中国长江三峡集团有限公司质量安全部。

报告事故应当包括下列内容：

（3）事故发生单位概况；

（4）事故发生的时间、地点以及事故现场情况；

（5）事故的简要经过；

（6）事故已经造成或者可能造成的伤亡人数（包括下落不明的人数）和初步估计的直接经济损失；

（7）已经采取的措施；

（8）其他应当报告的情况。

事故报告后出现新情况的，应当及时补报。

自事故发生之日起30日内，事故造成的伤亡人数发生变化的，应当及时补报。交通事故、火灾事故自发生之日起7日内，事故造成的伤亡人数发生变化的，应当及时补报。

事故发生单位负责人接到事故报告后，应当立即启动事故相应应急预案，或者采取有效措施，组织抢救，防止事故扩大，减少人员伤亡和财产损失。

事故发生后，事故发生单位和人员应当妥善保护事故现场以及相关证据，任何单位和个人不得破坏事故现场、毁灭相关证据。因抢救人员、防止事故扩大以及疏通交通等原因，需要移动事故现场物件的，应当做出标志，绘制现场简图并做出书面记录，妥善保存现场重要痕迹、物证。

3. 事故调查

一般事故及以上等级事故发生后，事故发生单位应积极配合当地安全监管、能源派出机构等有关部门组织的事故调查。公司安全管理部门根据公司领导指示，牵头迅速组成公司“内部事故调查组”。

“内部事故调查组”履行下列职责：

（1）掌握事故发生的经过、原因、人员伤亡情况及直接经济损失的情况；

（2）了解掌握当地安全监管、能源派出机构等有关部门事故调查组对事故的性质、事故责任认定情况及对事故有关责任单位和责任人处理意见，提出对公司内部责任者的处理建议；

（3）指导事故发生单位的事故善后处理工作；

（4）总结事故教训，提出防范和整改措施；

（5）提交事故调查分析报告。

事故发生单位的负责人和有关人员在事故调查期间不得擅离职守，并应当随时接受政府有关部门和公司“内部事故调查组”的询问，如实提供相关文件、资料，事故发生单位有关部门和个人不得拒绝。

事故发生单位必须严格按照“四不放过”原则开展事故的调查处理。

4. 事故处理

事故发生后，公司安全管理部门应将事故及时通报公司各有关单位，起到吸取教训、警示育人作用。

事故发生单位应当认真吸取事故教训，制定和落实防范和整改措施，整改各项工作、措施要实现闭合，防止同类事故重复发生。

事故发生单位收到所在地人民政府、省级能源派出机构批复《事故调查报告》后，必须严格按照中国长江三峡集团有限公司和公司《安全生产工作奖惩暂行办法》的有关规定对事故有关责任单位和责任人提出书面处理意见上报公司。

事故调查处理结案后，事故发生单位应将资料归档保存，资料必须完整，可随时调阅备查。

对事故发生单位的考核，按照中国长江三峡集团有限公司和公司有关规定执行。

第二节　场站级安全教育

一、生产人员应具备的条件

作业现场的生产条件和安全设施等应符合有关标准规范的要求，工作人员的劳动防护用品应合格、齐备。

经常有人工作的场所及施工车辆上宜配备急救箱，存放急救用品，并应指定专人经常检查、补充或更换。

现场使用的安全工器具应合格并符合有关要求。

各类作业人员应被告知其作业现场和工作岗位存在的危险因素、防范措施及事故紧急处理措施。

作业人员的基本条件：

经医师鉴定，无妨碍工作的病症（体格检查每两年至少一次）。

具备必要的电气知识和业务技能，且按工作性质，熟悉本规程的相关部分，并经考试合格。

具备必要的安全生产知识，学会紧急救护法，特别要学会触电急救。

各类作业人员应接受相应的安全生产教育和岗位技能培训，经考试合格上岗。

作业人员对本规程应每年考试一次。因故间断电气工作连续 3 个月以上者，应重新学习《电力安全工作规程》，并经考试合格后，方能恢复工作。

新参加电气工作的人员、实习人员和临时参加劳动的人员（管理人员、非全日制用工等），应经过安全知识教育后，方可下现场参加指定的工作，并且不得单独工作。

外单位承担或外来人员参与公司系统电气工作的工作人员应熟悉本规程、并经考试合格，经设备运行管理单位认可，方可参加工作。工作前，设备运行管理单位应告知现场电气设备接线情况、危险点和安全注意事项。

任何人发现有违反《电力安全工作规程》的情况，应立即制止，经纠正后才能恢复作业。各类作业人员有权拒绝违章指挥和强令冒险作业；在发现直接危及人身、电网和设备安全的紧急情况时，有权停止作业或者在采取可能的紧急措施后撤离作业场所，并立即报告。

二、反事故措施

1. 防止人身伤亡事故

为防止人身伤亡事故，应全面贯彻落实《中共中央国务院关于推进安全生产领域改革发展的意见》（中发〔2016〕32 号）、《特种作业人员安全技术培训考核管理规定》（国家安全监管总局令第 80 号）、《电力建设工程施工安全监督管理办法》（国家发展和改革委员会令第 28 号）、《电力安全工作规程 》等有关规定，并提出以下重点要求：

（1）加强各类作业风险管控。实施生产作业标准化安全管控，科学安排作业任务，严格开展风险识别、评估、预控，有序组织生产工作。对于事故应急抢修和紧急缺陷处理，按照管辖范围履行审批手续，保证现场安全措施完备，严禁无工作票或事故（故障）紧急抢修单、无工作许可作业。

根据工作内容做好各类作业各个环节风险分析，落实风险预控和现场管控措施。

对于开关柜类设备的检修、试验或验收，针对其带电点与作业范围绝缘距离短的特点，不管有无物理隔离措施，均应加强风险分析与预控。

对于敞开式隔离开关的就地操作，应做好支柱绝缘子断裂的风险分析与预控，操作人与监护人应选择正确的站位。监护人员应实时监视隔离开关动作情况，操作人员应做好及时撤离的准备。

对于高处作业，应搭设脚手架、使用高空作业车、升降平台、绝缘梯、防护网，并按要求使用安全带、安全绳等个体防护装备，个体防护装备应检验合格。严禁在无安全保护的情况下进行高处作业。高处作业人员应持证上岗，凡身体不适合从事高处作业的人员，不得从事高处作业。

对于近电作业，要注意保持安全距离，落实防感应电触电措施。对低压电气带电作业工具裸露的导电部位，应做好绝缘包缠，正确佩戴手套、护目镜等个体防护装备。

对于业扩报装工作，应做好施工、验收、接电等各个环节的风险辨识与预控，严格履行业扩报装验收手续，严禁单人工作、不验电、不采取安全措施以及强制解锁、擅自操作客户设备等行为。对于营销小型分散作业，现场开工前应认真勘查作业点的环境条件及风险点，并根据作业现场实际情况补充完善安全措施。

对于杆塔组立工作，应做好起重设备、杆塔稳定性方面的风险分析与预控，作业人员应做好安全防护措施，严格执行作业流程，监护人员应现场监护，全面检查现场安全防护措施状态，严禁擅自组织施工，严禁无保护、无监护登塔作业等行为。

对于输电线路放线紧线工作，应做好防杆塔倾覆风险辨识与预控，登杆塔前对塔架、根部、基础、拉线、桩锚、地脚螺母（螺栓）等进行全面检查，正确使用安全限位以及过载保护装置，充分做好防跑线措施，严禁违反施工作业技术和安全措施盲目作业。

对于有限空间作业，必须严格执行作业审批制度，有限空间作业的现场负责人、监护人员、作业人员和应急救援人员应经专项培训。监护人员应持有限空间作业证上岗；作业人员应遵循先通风、再检测、后作业的原则。作业现场应配备应急救援装备，严禁盲目施救。

对于抗洪抢险作业，抢修人员进入情况不明的积水区时应采取穿救生衣等安全措施。

在作业现场内可能发生人身伤害事故的地点，应采取可靠的防护措施，根据实际情况设立安全警示牌、警示灯、警戒线、围栏等警示标志，必要时增加物理隔离带或设专人监护。对交叉作业现场应制定完备的交叉作业安全防护措施，必要时设工作协调人。

采取劳务外包的项目，对危险性大、专业性强的检修和施工作业，劳务人员不得担任现场工作负责人，必须在发包方有经验人员的带领和监护下进行。

加强作业现场反违章管理，健全各级安全稽查队伍，严肃查纠各类违章行为，积极推广应用远程视频监控等反违章技术手段。

（2）加强作业人员培训。定期开展作业人员安全规程、制度、技术、风险辨识等培训、考试，使其熟练掌握有关规定、风险因素、安全措施，提高安全防护、风险辨识的能力。

对于实习人员、临时人员和新参加工作的人员，应强化安全技术培训，证明其具备必要的安全技能，方可在有工作经验的人员带领下作业。禁止指派实习人员、临时人员和新参加工作的人员单独工作。

应结合生产实际，经常性开展多种形式的安全思想、安全文化教育，开展有针对性的应急演练，提高员工安全风险防范意识，掌握安全防护知识和伤害事故发生时的自救、互救方法。

推行作业人员安全等级认证，建立作业人员安全资格的动态管理和奖惩机制。

创新安全培训手段，可采用仿真、虚拟现实、互联网+等新技术丰富培训形式。

（3）加强设计阶段安全管理。在工程设计中，应认真吸取人身伤亡事故教训，并按照相关规程、规定的要求，及时改进和完善安全设施及设备安全防护措施设计。

施工图设计时，应严格执行工程建设强制性条文内容，突出说明安全防护措施设计，并对施工单位进行专项设计交底。

（4）加强施工项目管理。工程建设要确保合理工期，工期进行调整时必须重新进行施工方案审查和风险评估，严格分包施工作业计划管理。

加强对各项承包工程的安全管理，签订安全协议书，明确业主、监理、承包方的安全责任，严格外包队伍及人员资质审查和准入，严禁转包和违法分包，做好外包队伍入场审核、安全教育培训、动态考核工作，实行“黑名单”和“负面清单”管理，建立淘汰机制。

落实施工单位主体责任，将劳务分包人员统一纳入施工单位管理，统一标准、统一要求、统一培训、统一考核（“五统一”）。

发包方应监督检查承包方在施工现场的专（兼）职安全员配置和履职、作业人员安全教育培训、特种作业人员持证上岗、施工机具和安全工器具的定期检验及现场安全措施落实等情况。

在有危险性的电力生产区域（如有可能引发火灾、爆炸、触电、高空坠落、中毒、窒息、机械伤害、烧烫伤等人员、设备事故的场所）作业，发包方应事先对承包方相关人员进行全面的安全技术交底，要求承包方制定安全措施，并配合做好相关安全措施。

施工单位应建立重大及特殊作业技术方案评审制度，施工安全方案的变更调整要履行重新审批程序，应严格落实施工“三措”（组织措施、技术措施、安全措施）和安全文明施工相关要求。

严格执行特殊工种、特种作业人员持证上岗制度。项目监理单位要严格执行特殊工种、特种作业人员入场资格审查制度，审查上岗证件的有效性。施工单位要加强特殊工种、特种作业人员管理，工作负责人不得使用非合格专业人员从事特种作业。

加强施工机械安全管理。施工企业应落实对分包单位机械、外租机械的管理要求，掌握大型施工机械工作状态信息，监理单位应严格现场准入审核。

（5）加强安全工器具和安全设施管理。认真落实安全生产各项组织措施和技术措施，配备充足的、经国家认证认可的、经质检机构检测合格的安全工器具和防护用品，并按照有关标准、规定和规程要求定期检验，禁止使用不合格的安全工器具和防护用品，提高作业安全保障水平。

对现场的安全设施，应加强管理、及时完善、定期维护和保养，确保其安全性能和功能满足相关标准、规定和规程要求。

（6）加强验收阶段安全管理。运维、施工单位完成各项作业检查、办理交接后，施工人员应与将要带电的设备及系统保持安全距离，未经许可、登记，严禁擅自再进行任何检查和检修、安装作业。

（7）加强运行安全管理。严格执行“两票三制”（两票：工作票、操作票，三制：交接班制、巡回检查制、设备定期试验及轮换制），落实好各级人员安全职责，并按要求规范填写“两票”内容，确保安全措施全面到位。

强化缺陷设备监测、巡视制度，在恶劣天气、设备危急缺陷情况下开展巡检、巡视等高风险工作，应采取措施防止触电、雷击、淹溺、中毒、机械伤害等事故发生。

2. 防止电气误操作事故

为防止电气误操作事故，应全面贯彻落实《电力安全工作规程》《电气设备防误操作管理办法》及其他有关规定，并提出以下重点要求：

（1）加强防误操作管理要求。各层级操作都应具备完善的防误闭锁功能，并确保操作权的唯一性。倒闸操作可以通过就地操作、遥控操作、程序操作完成，以上操作必须满足防误操作技术要求。

设备应有明显标志，包括命名、编号、分合指示、旋转方向、切换位置的指示和区别电气相别的色标。一次系统模拟图或电子接线图应与现场实际相符合。应具备齐全和完善的运行规程、典型操作票和统一规范的调度操作术语。

应有值班调控人员或运维负责人正式发布的指令和经事先审核合格的操作票。调度远方操作应具有完善的防误闭锁措施和可靠的现场设备状态确认方式。

加强调控、运维和检修人员的防误操作专业培训，严格执行操作票、工作票（“两票”）制度，并使“两票”制度标准化，管理规范化。严格执行操作指令。倒闸操作时，应按照操作票顺序逐项执行，严禁跳项、漏项，严禁改变操作顺序。当操作产生疑问时，应立即停止操作并向发令人报告，并禁止单人滞留在操作现场。待发令人确认无误并再行许可后，方可进行操作。严禁擅自更改操作票，严禁随意解除闭锁装置。

禁止擅自开启直接封闭带电部分的高压配电设备柜门、箱盖、封板等。对继电保护、安全自动装置等二次设备操作，应制订正确操作方法和防误操作措施。智能变电站保护装置投退应严格遵循智能保护投退顺序。

继电保护、安全自动装置（包括直流控制保护软件）的定值或全站系统配置文件（SCD）等其他设定值的修改应按规定流程办理，不得擅自修改。定值调整后检修、运维人员双方应核对确认签字，并做好记录。

高压开关柜内手车开关拉出后，隔离带电部位的挡板应可靠封闭，禁止开启。固定接地桩应预设，接地线的挂、拆状态宜实时采集监控，并实施强制性闭锁。

厂、站应结合实际制定防误装置的运行规程及检修规程，并定期修订。加强防误闭锁装置的运行、维护管理，确保已装设的防误闭锁装置正常运行。

应制订完备的解锁工具（钥匙）管理规定，严格执行防误闭锁装置解锁流程，任何人不得随意解除闭锁装置，禁止擅自使用解锁工具（钥匙）。

防误闭锁装置不能随意退出运行，停用防误闭锁装置，应经本单位设备运维管理单位批准，并报有关主管部门备案；短时间退出防误闭锁装置应经变配电运维班长批准，并应按程序尽快投入运行。

防误闭锁装置应与相应主设备统一管理，做到同时设计、同时安装、同时验收投运，并制订和完善防误装置的运行、检修规程。

顺控操作（程序化操作）应具备完善的防误闭锁功能，操作过程应采用监控主机内置防误逻辑和智能防误主机双校核机制，且两套装置不宜为同一厂家配置。顺控操作因故停止转就地操作时，应通过就地设置的防误装置实现防误闭锁功能。

顺控操作（程序化操作）是指在一个操作任务中有多步操作的倒闸操作任务，由调控系统或变电站监控系统自动判断设备状态和操作条件、按顺序自动完成的系列操作。

实施程序化操作的变电站应明确自动判断设备状态的具体检查要求；现场运行规程还应明确程序化操作过程中断时的处置方法（步骤）和安全管理要求。

程序化操作的典型操作票和常规典型操作票应尽可能保持操作步骤的一致性，以方便两种操作模式的转换，且程序化操作的典型操作票更新时，应不改变其余间隔典型操作票的相关内容。

程序化操作应按操作票的顺序逐项自动操作，具备人工急停功能，具备在操作步骤之间根据设备实时状态实现防误闭锁的功能。

实现程序化操作的系统应具有操作票强制模拟预演功能，预演不通过不得执行该操作票。模拟预演应不影响运行设备。

程序化操作因故自动停止时，应立即退出当前操作，并按相关规定处置。

调度倒闸操作应按照调管范围进行，由值班调度员直接下达操作指令，或者按照监控范围授权相关调控机构值班监控员下达操作指令后方可执行。当涉及两个调度单位的设备操作时，特别是设备管辖范围交界处的操作时，应事先联系好，严防互不通气或联系不清造成事故。

（2）加强电气误操作装置管理。要求防误装置满足相应的技术措施。“五防”功能除“防止误分、误合断路器”可采取提示性措施外，其余“四防”功能必须采取强制性防止电气误操作措施。

在调控端配置防误装置时，应实现对受控站及关联站间的强制性闭锁。成套高压开关设备应具有机械联锁或电气闭锁；电气设备的电动或手动操作闸刀必须具有防止电气误操作的强制闭锁功能。

利用计算机监控系统实现防误闭锁功能时，应有符合现场实际并经运维管理单位审批的防误规则，防误规则判别依据可包含断路器、隔离开关、接地开关、网门、压板、接地线及就地锁具等一、二次设备状态信息，以及电压、电流等模拟量信息。若防误规则通过拓扑生成，则应加强校核。

新投运的防误装置主机应具有实时对位功能，通过对受控站电气设备位置信号采集，实现与现场设备状态一致。防误装置（系统）应满足国家或行业关于电力监控系统安全防护规定的要求，严禁与外部网络互联，并严格限制移动存储介质等外部设备的使用。

防误装置使用的直流电源应与继电保护、控制回路的电源分开，交流电源应是不间断供电电源。

防误装置因缺陷不能及时消除，防误功能暂时不能恢复时，执行审批手续后，可以通过加挂机械锁作为临时措施，此时机械锁的钥匙也应纳入解锁工具（钥匙）管理，禁止随意取用。

成套 SF_6 组合电器、成套高压开关柜防误功能应齐全、性能良好；新投开关柜应装设具有自检功能的带电显示装置，并与接地开关及柜门实现强制闭锁；配电装置有倒送电源时，间隔网门应装有带电显示装置的强制闭锁。

应定期组织防误装置技术培训，使相关人员按其职责熟练掌握防误装置，做到“四懂三会”（懂防误装置的原理、性能、结构和操作程序，会熟练操作、会处缺和会维护）。

断路器、隔离开关和接地刀闸电气闭锁回路应直接使用断路器和隔离开关、接地刀闸等设备的辅助触点，严禁使用重动继电器，对电动操作的隔离开关，必须具备与断路器、接地刀闸之间的电气联锁回路。

接入闭锁回路中设备的辅助触点应满足可靠通断的要求，辅助开关应满足响应一次设备状态转换的要求，电气接线应满足防止电气误操作的要求。

电磁锁应能可靠地锁死电气设备的操作机构；应采用间隙式原理，锁栓能自动复位。

带接地刀闸的隔离开关，要求隔离开关与接地刀闸之间的机械闭锁必须调整合适，满足闭锁要求，并将固定装置进行焊接处理或确保牢固。

应满足操作灵活、牢固和耐环境条件等使用要求。机械闭锁装置应能可靠锁死电气设备的传动机构。

同时，加强防误装置的运维管理，建立防误闭锁系统台账及技术档案，加强防误闭锁系统安全防护管理。

3. 防止新能源厂、站大面积脱网事故

为防止机网协调及风电大面积脱网事故，并网电厂、风电机组涉及电网安全稳定运行的励磁系统和调速系统、继电保护和安全自动装置、升压站电气设备、调度自动化和通信等设备的技术性能和参数应达到国家及行业有关标准要求，其技术规范应满足所接入电网要求，并提出以下重点要求：

（1）设计阶段应注意的问题。并网点电压波动和闪变、谐波、三相电压不平衡等电能质量指标满足国家标准要求时，应能正常运行。

应配置足够的动态无功补偿容量，应在各种运行工况下都能按照分层分区、基本平衡的原则在线动态调整，且动态调节的响应时间不大于30ms。

应具有规程规定的低电压穿越能力和必要的高电压耐受能力。

电力系统频率在49.5～50.2Hz范围（含边界值）内时，风电机组应能正常运行。电力系统频率在48～49.5Hz范围（含48Hz）内时，风电机组应能不脱网运行30min。

应配置监控系统，实现在线动态调节全场运行机组的有功/无功功率和场内无功补偿装置的投入容量，并具备接受电网调度部门远程自动控制的功能。

监控系统应按相关技术标准要求，采集、记录、保存升压站设备和全部机组的相关运行信息，并向电网调度部门上传保障电网安全稳定运行所需的运行信息。

（2）基建阶段应注意的问题。风电场应向相应调度部门提供电网计算分析所需的主设备（发电机、变压器等）参数、二次设备（电流互感器、电压互感器）参数及保护装置技术资料及无功补偿装置技术资料等。风电场应经静态及动态试验验证定值整定正确，并向调度部门提供整定调试报告。

风电场应根据有关调度部门电网稳定计算分析要求，开展建模及参数实测工作，并将试验报告报有关调度部门。

（3）运行阶段应注意的问题。电力系统发生故障、并网点电压出现跌落时，应动态调整机组无功功率和场内无功补偿容量，应确保场内无功补偿装置的动态部分自动调节，确保电容器、电抗器支路在紧急情况下能被快速正确投切，配合系统将并网点电压和机端电压快速恢复到正常范围内。

无功动态调整的响应速度应与新能源机组高电压耐受能力相匹配，确保在调节过程机组不因高电压脱网。

汇集线系统单相故障应快速切除。汇集线系统应采用经电阻或消弧线圈接地方式，不应采用不接地或经消弧柜接地方式。经电阻接地的汇集线系统发生单相接地故障时，应能通过相应保护快速切除，同时应兼顾机组运行电压适应性要求。经消弧线圈接地的汇集线系统发生单相接地故障时，应能可靠选线，快速切除。汇集线保护快速段定值应对线路末端故障有灵敏度，汇集线系统中的母线应配置母差保护。

机组主控系统参数和变流器参数设置应与电压、频率等保护协调一致。

内涉网保护定值应与电网保护定值相配合，并报电网调度部门备案。

机组故障脱网后不得自动并网，故障脱网的机组须经电网调度部门许可后并网。

发生故障后，风电场应及时向调度部门积极报告故障及相关保护动作情况，及时收集、整理保存相关资料，积极配合调查。

二次系统及设备，均应满足《电力二次系统安全防护规定》要求，禁止通过外部公共信息网直接对内设备进行远程控制和维护。

应在升压站内配置故障录波装置，起动判据应至少包括电压越限制和电压突变量，记录升压站内设备在故障前200ms至故障后6s的电气量数据，波形记录应满足相关技术标准。

应配备全站统一的卫星时钟设备和网络授时设备，对场内各种系统和设备的时钟进行统一校正。

4. 防止大型变压器损坏事故

为防止大型变压器损坏事故，应严格执行行业有关规定，并提出以下重点要求：

（1）防止变压器出口短路事故。加强变压器选型、订货、验收及投运的全过程管理。应选择具有良好运行业绩和成熟制造经验生产厂家的产品。240MVA 及以下容量变压器应选用通过突发短路试验验证的产品；240MVA 以上容量变压器，制造厂应提供同类产品突发短路试验报告或抗短路能力计算报告，计算报告应有相关理论和模型试验的技术。

在变压器设计阶段，运行单位应取得所订购变压器的抗短路能力计算报告及抗短路能力计算所需详细参数，并自行进行校核工作。220kV 及以上电压等级的变压器都应进行抗震计算。

变压器在制造阶段的质量抽检工作，应进行电磁线抽检；根据供应商生产批量情况，应抽样进行突发短路试验验证。

为防止出口及近区短路，变压器 35kV 及以下低压母线应考虑绝缘化；10kV 的线路、变电站出口 2km 内宜考虑采用绝缘导线。

全电缆线路不应采用重合闸，对于含电缆的混合线路应采取相应措施，防止变压器连续遭受短路冲击。

应开展变压器抗短路能力的校核工作，根据设备的实际情况有选择性地采取加装中性点小电抗、限流电抗器等措施，对不满足要求的变压器进行改造或更换。

当有并联运行要求的三绕组变压器的低压侧短路电流超出断路器开断电流时，应增设限流电抗器。

（2）防止变压器绝缘事故。

1）设计阶段应注意的问题：

工厂试验时应将供货的套管安装在变压器上进行试验，所有附件在出厂时应按实际使用方法进行预装。

生产厂家首次设计、新型号或有运行特殊要求的 220kV 及以上电压等级变压器在首批次生产系列中应进行例行试验、型式试验和特殊试验（承受短路能力的试验视实际情况而定），当一批供货达到 6 台时应抽 1 台进行短时感应耐压试验（ACSD）和操作冲击试验（SI）。

2）基建阶段应注意的问题：

新安装和大修后的变压器应严格按照有关标准或厂家规定进行抽真空、真空注油和热油循环，真空度、抽真空时间、注油速度及热油循环时间、温度均应达到要求。对采用有载分接开关的变压器油箱应同时按要求抽真空，但应注意抽真空前应用连通管接通本体与开关油室。为防止真空度计水银倒灌进设备中，禁止使用麦氏真空计。

对于分体运输、现场组装的变压器有条件时宜进行真空煤油气相干燥。

装有密封胶囊、隔膜或波纹管式储油柜的变压器，必须严格按照制造厂说明书规定的工艺要求进行注油，防止空气进入或漏油，并结合大修或停电对胶囊和隔膜、波纹管式储油柜的完好性进行检查。

充气运输的变压器运到现场后，必须密切监视气体压力，压力过低时（低于 0.01MPa）要补干燥气体，现场放置时间超过 3 个月的变压器应注油保存，并装上储油柜和胶囊，严防进水受潮。注油前，必须测定密封气体的压力，核查密封状况，必要时应进行检漏试验。为防止变压器在安装和运行中进水受潮，套管顶部将军帽、储油柜顶部、套管升高座及其连管等处必须密封良好。必要时应测露点。如已发现绝缘受潮，应及时采取相应措施。

变压器新油应由厂家提供新油无腐蚀性硫、结构簇、糠醛及油中颗粒度报告。

110（66）kV 及以上变压器在运输过程中，应按照相应规范安装具有时标且有合适量程的三维冲击记录仪。主变压器就位后，制造厂、运输部门、用户三方人员应共同验收，记录纸和押运记录应提供用户留存。

110（66）kV 及以上电压等级变压器在出厂和投产前，应用频响法和低电压短路阻抗测试绕组变形以留原始记录；110（66）kV 及以上电压等级的变压器在新安装时应进行现场局部放电试验；对 110（66）kV 电压等级变压器在新安装时应抽样进行额定电压下空载损耗试验和负载损耗试验；如有条件时，500kV 并联电抗器在新安装时可进行现场局部放电试验。现场局部放电试验验收，应在所有额定运行油泵（如有）启动以及工厂试验电压和时间下，220kV 及以上变压器放电量不大于 100pC。

3）运行阶段应注意的问题：

加强变压器运行巡视，应特别注意变压器冷却器潜油泵负压区出现的渗漏油。对运行年限超过 15 年储油柜的胶囊和隔膜应更换。

对运行超过 20 年的薄绝缘、铝绕组变压器，不宜对本体进行改造性大修，也不宜进行迁移安装，应加强技术监督工作并逐步安排更新改造。

220kV及以上电压等级变压器拆装套管或进人后，应进行现场局部放电试验。

按照DL/T 393—2010《输变电设备状态检修试验规程》开展红外检测，新建、改扩建或大修后的变压器（电抗器），应在投运带负荷后不超过1个月内（但至少在24h以后）进行一次精确检测。

220kV及以上电压等级的变压器（电抗器）每年在季节变化前后应至少各进行一次精确检测。在高温大负荷运行期间，对220kV及以上电压等级变压器（电抗器）应增加红外检测次数。精确检测的测量数据和图像应存入数据库。

铁芯、夹件通过小套管引出接地的变压器，应将接地引线引至适当位置，以便在运行中监测接地线中是否有环流，当运行中环流异常变化，应尽快查明原因，严重时应采取措施及时处理。

220 kV及以上油浸式变压器（电抗器）和位置特别重要或存在绝缘缺陷的 110(66)kV油浸式变压器宜配置多组分油中溶解气体在线监测装置；且每年在进入夏季和冬季用电高峰前分别进行一次与离线检测数据的比对分析，确保检测准确。

对地中直流偏磁严重的区域，在变压器中性点应采用相同的限流技术。

（3）防止变压器保护事故。

1）基建阶段应注意的问题：

新安装的气体继电器必须经校验合格后方可使用；气体继电器应在真空注油完毕后再安装；瓦斯保护投运前必须对信号跳闸回路进行保护试验。

变压器本体保护应加强防雨、防震措施，户外布置的压力释放阀、气体继电器和油流速动继电器应加装防雨罩。

变压器本体保护宜采用就地跳闸方式，即将变压器本体保护通过较大启动功率中间继电器的两副触点分别直接接入断路器的两个跳闸回路，减少电缆迂回带来的直流接地、对微机保护引入干扰和二次回路断线等不可靠因素。

2）运行阶段应注意的问题：

变压器本体、有载分接开关的重瓦斯保护应投跳闸。若需退出重瓦斯保护，应预先制定安全措施，并经总工程师批准，限期恢复。

气体继电器应定期校验。当气体继电器发出轻瓦斯动作信号时，应立即检查气体继电器，及时取气样检验，以判明气体成分，同时取油样进行色谱分析，查明原因及时排除。

压力释放阀在交接和变压器大修时应进行校验。运行中的变压器的冷却器油回路或通向储油柜各阀门由关闭位置旋转至开启位置时，以及当油位计的油面异常升高或呼吸系统有异常现象，需要打开放油或放气阀门时，均应先将变压器重瓦斯保护停用。

变压器运行中，若需将气体继电器集气室的气体排出时，为防止误碰探针，造成瓦斯保护跳闸可将变压器重瓦斯保护切换为信号方式；排气结束后，应将重瓦斯保护恢复为跳闸方式。

（4）防止分接开关事故。

无励磁分接开关在改变分接位置后，必须测量使用分接的直流电阻和变比；有载分接开关检修后，应测量全程的直流电阻和变比，合格后方可投运。

安装和检修时应检查无励磁分接开关的弹簧状况、触头表面镀层及接触情况、分接引线是否断裂及紧固件是否松动。

新购有载分接开关的选择开关应有机械限位功能，束缚电阻应采用常接方式。

有载分接开关在安装时应按出厂说明书进行调试检查。

要特别注意分接引线距离和固定状况、动静触头间的接触情况和操作机构指示位置的正确性。新安装的有载分接开关，应对切换程序与时间进行测试。

加强有载分接开关的运行维护管理。当开关动作次数或运行时间达到制造厂规定值时，应进行检修，并对开关的切换程序与时间进行测试。

（5）防止变压器套管事故。

新套管供应商应提供型式试验报告。

检修时当套管水平存放，安装就位后，带电前必须进行静放，其中500kV套管静放时间应大于36h，110～220kV套管静放时间应大于24h。

如套管的伞裙间距低于规定标准，应采取加硅橡胶伞裙套等措施，防止污秽闪络。在严重污秽地区运行的变压器，可考虑在瓷套涂防污闪涂料等措施。

作为备品的 110（66）kV 及以上套管，应竖直放置。如水平存放，其抬高角度应符合制造厂要求，以防止电容芯子露出油面受潮。对水平放置保存期超过一年的 110（66）kV 及以上套管，当不能确保电容芯子全部浸没在油面以下时，安装前应进行局部放电试验、额定电压下的介损试验和油色谱分析。

油纸电容套管在最低环境温度下不应出现负压，应避免频繁取油样分析而造成其负压。运行人员正常巡视应检查记录套管油位情况，注意保持套管油位正常。套管渗漏油时，应及时处理，防止内部受潮损坏。

加强套管末屏接地检测、检修及运行维护管理，每次拆接末屏后应检查末屏接地状况，在变压器投运时和运行中开展套管末屏接地状况带电测量。

（6）防止冷却系统事故。

1）设计阶段应注意的问题：

优先选用自然油循环风冷或自冷方式的变压器。

潜油泵的轴承应采取 E 级或 D 级，禁止使用无铭牌、无级别的轴承。对强油导向的变压器油泵应选用转速不大于 1500r/min 的低速油泵。

对强油循环的变压器，在按规定程序开启所有油泵（包括备用）后整个冷却装置上不应出现负压。

强油循环的冷却系统必须配置两个相互独立的电源，并采用自动切换装置。

新建或扩建变压器一般不采用水冷方式。对特殊场合必须采用水冷却系统的，应采用双层铜管冷却系统。

变压器冷却系统的工作电源应有三相电压监测，任一相故障失电时，应保证自动切换至备用电源供电。

2）运行阶段应注意的问题：

强油循环冷却系统的两个独立电源的自动切换装置，应定期进行切换试验，有关信号装置应齐全可靠。

强油循环结构的潜油泵启动应逐台启用，延时间隔应在 30s 以上，以防止气体继电器误动。

对于盘式电机油泵，应注意定子和转子的间隙调整，防止铁芯的平面摩擦。运行中如出现过热、振动、杂音及严重漏油等异常时，应安排停运检修。

为保证冷却效果，管状结构变压器冷却器每年应进行1～2次冲洗，并宜安排在大负荷来临前进行。

对目前正在使用的单铜管水冷却变压器，应始终保油压大于水压，并加强运行维护工作，同时应采取有效的运行监视法，及时发现冷却系统泄漏故障。

（7）预防变压器火灾事故。

按照有关规定完善变压器的消防设施，并加强维护，重点防止变压器着火时的事故扩大。

采用排油注氮保护装置的变压器应采用具有联动功能双浮球结构的气体继电器。

水喷淋动作功率应大于8W，其动作逻辑关系应满足变器超温保护与变压器断路器开关跳闸同时动作。

变压器本体储油柜与气体继电器间应增设逆止阀，以储油柜中的油下泄而造成火灾扩大。

现场进行变压器干燥时，应做好防火措施，防止加热统故障或线圈过热烧损。

应结合例行试验检修，定期对灭火装置进行维护和查，以防止误动和拒动。

5. 防止风电机组事故

（1）防止风电机组倒塔事故。

风电机组塔筒选型必须符合设计要求，在招标时应选择技术成熟、质保体系完善、业绩突出的制造厂商。

风电机组基础浇筑时，监理人员、风电场工程建设人员必须进行全过程旁站，对水泥标号、模板拼接、混凝土强度、钢筋规格、绑筋质量、接地连接等关键技术指标和工艺进行监督，确保基础施工质量满足设计要求。

养护风电机组基础必须严格按照施工工艺执行，并做好养护记录，基础回填应符合设计要求。

采用灌注桩锚杆（螺杆）式的风电机组基础，所有预埋锚杆（螺杆）必须进行防腐处理，锚杆（螺杆）紧固扭矩必须100%检验。

风电机组基础混凝土强度、接地电阻及基础环法兰水平度检测中任何一项不合格，禁止进行塔筒吊装作业。

定期巡视和检修维护时，必须检查基础表面有无裂纹，裂纹是否扩大，覆土有无松动，发现异常应立即停机处理，必要时应对基础混凝土强度进行检测。

新投运半年后进行一次沉降观测，此后每年观测一次，连续观测3～5年，如没有明显变化，天然基础风电机组可延长检测周期或终止观测（某一台机组沉降速率小于0.02mm/天且沉降差控制倾斜率小于0.3%时，可终止观测），桩基础风电机组至少每年开展一次基础沉降观测。每年进行一次风电机组法兰水平度检测，检测结果应满足设计要求。

同时，还应认真开展数据对比分析工作，对指标变化异常或持续显著增大的机组，应及时进行复测并加强重点监测。

风电机组塔筒必须由具备专业资质的第三方机构进行监造，禁止塔筒生产厂商将塔筒分包生产。

塔筒法兰、板材、焊料、底漆、面漆等关键物料必须由具备相应资质的供应商提供，并提供完整的质量证明文件。塔筒生产时，应严格按照经审核批准的技术规范执行下料、切割、卷板、焊接、组对、喷砂、防腐涂层等工艺标准。

塔筒板材进厂时，必须进行复检。复检内容包括牌号、几何尺寸、机械性能和无损检测（超声波探伤、磁粉探伤）等。

塔筒连接高强度螺栓必须由具备资质的第三方机构进行检验，复检合格后方可使用。

塔筒吊装作业必须由具备资质的专业吊装公司进行，特种作业人员（如起重工、起重指挥等）必须持证上岗。塔筒吊装前，应严格按照技术要求对高强度连接螺栓涂抹润滑脂；吊装就位后，应及时完成螺栓的预紧和最终扭矩紧固，预紧和最终扭矩紧固方法要严格按照厂家技术要求执行。

风电企业、监理、主机设备厂家在塔筒安装作业结束后，必须联合对塔筒的安装作业进行质量复检和验收。

至少每年进行一次塔筒法兰连接面缝隙和焊缝开裂情况的检查，发现问题应立即停机并严格依据公司技术监督有关要求开展无损检测。应定期借助照明光源、反光镜、放大镜等工具检查塔筒法兰及连接焊缝是否存在面漆脱落、表面锈蚀、细微裂纹和划痕等迹象。如发现上述迹象应立即将风电机组停机并禁止启动，采取磁粉检测、超声波检测、射线检测等方式进一步开展金属检测，根据检测结果确定后续应对措施。

巡视中发现风电机组噪声和振动明显偏大，必须立即停机并对机组进行全面检查，原因未查明或未采取可靠安全措施前，不得投入运行。

定期检修维护时，必须对风电机组基础、塔筒、偏航环、主轴、轮毂、叶片、齿轮箱、发电机、弹性联轴器等关键部位的连接螺栓进行扭矩检查，并做好螺栓防松标示线。

发现塔筒螺栓松动，必须对该法兰所有螺栓进行扭矩检查；当同一部位螺栓再次发生松动，须立即停机彻底查明原因。

禁止使用拆卸下的高强度螺栓。

每年必须对各类扭矩扳手进行校验，确保紧固扭矩准确。

风电机组调试期间严禁通过信号模拟替代超速试验；风电机组定期检修维护时，超速试验、紧急停机等机组安全功能测试应严格按照厂家技术规范执行，严禁将安全链节点信号屏蔽的机组投入运行。

定期检修维护时，应对风电机组液压系统各项压力值进行检测，并对各项功能进行测试。应按规定开展液压油检测。

定桨距机组每年必须进行一次叶尖收放试验，如收不到位，应对制动盒、碳棒、定位销、液压缸和叶尖钢丝绳等部件进行检查，彻底消除缺陷后方可投入运行。

风电机组变桨系统备用电源（蓄电池、超级电容）具备自动检测功能的，带载顺桨测试至少每季度一次。

不具备自动检测功能的具体要求如下：变桨蓄电池更换后一年内，每季度执行一次蓄电池带载测试，一年以上的每月测试一次，每年进行一次单体性能测试；变桨超级电容每半年执行一次带载测试，每年进行一次单体性能测试。对检测不合格的蓄电池或超级电容应及时更换。

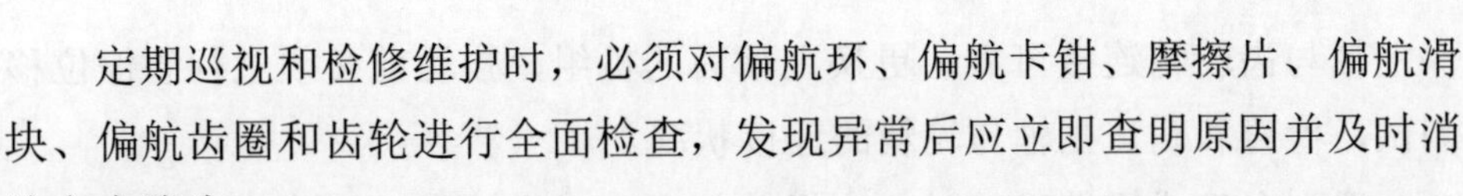

定期巡视和检修维护时，必须对偏航环、偏航卡钳、摩擦片、偏航滑块、偏航齿圈和齿轮进行全面检查，发现异常后应立即查明原因并及时消除安全隐患。

暴雨、台风、地震等恶劣自然灾害发生后，应立即对风电机组的基础、塔筒本体、塔筒连接螺栓、叶片、电缆、电气柜、控制柜等进行安全检查。

变桨系统测试（包括紧急顺桨、流量、调节、正弦测试）前，必须可靠锁定叶轮锁并偏航侧风 90°，随时观察风向，保持机组侧风 90° 状态。

进行能使叶轮转动的测试（包括但不限于转速测试、电气超速测试、叶轮超速测试）前必须确认变桨测试正常、运行状态无故障。

对于液压系统滤芯堵塞报警或超使用周期的机组，应及时更换滤芯，并检查液压油是否被污染，如液压油被污染，需整体更换液压油，并开展油路清洗工作。

（2）防止叶轮整体坠落。

叶片吊装前，必须检查并确认三支叶片配重符合技术规范要求；风电机组安装和调试期间，必须检查叶片安装位置并进行叶片对零。

定期检查主轴运行噪声及振动情况，发现异常应立即对主轴轴承润滑情况、轴承滚珠和滚道磨损情况开展检查，原因未查明或未采取可靠安全措施前，机组不得投入运行。

每半年检查一次变桨轴承和主轴轴承的润滑状况，并按规定对轴承进行润滑和废油清理。

至少每年进行一次主轴基座两侧与机舱底盘安装位置或间隙的检查和检测。

机组发生主轴轴承温度高告警故障后，必须停机登塔检查，严禁远程复位故障。

机组发生主轴地脚螺栓断裂、轴承挡圈固定螺栓断裂或主轴位移等故障后，应立即停机查明故障原因，并进行必要的螺栓送检。

定期检查轮毂表面是否存在腐蚀和裂纹，发现异常必须查明原因，并进行必要的无损检测，原因未查明或未采取可靠安全措施前，机组不得投入运行。

定期对主轴收缩盘，以及主轴与齿轮箱输入轴安装位置进行检查，确保主轴与齿轮箱连接可靠；更换主轴后的机组，投运前必须进行急停位移测试，检查和确认主轴与轮箱的连接状况。

遇到台风或极端天气时，应提前制定应对措施，尽快消除故障缺陷，确保机组恢复正常状态。全面掌握风速动态变化趋势及风机设计抗风能力，在破坏性风速来临前，及时停运风电机组。

（3）防止叶片断裂。

风电机组叶片应由具备专业资质的第三方机构进行生产监造；叶片运至现场后，必须检查叶片出厂检验报告和合格证，并建档留存。

强盐蚀、强风沙等区域安装的风电机组，叶片前缘必须采取防腐措施。

风电机组叶片安装前，应对叶片整体情况进行检查，如存在裂纹、破损、疏水孔堵塞等问题必须严格按工艺要求对叶片修复处理，未经验收合格不得进行吊装作业。

加强叶片吊装过程监督，如发生碰撞导致叶片损伤，必须对损伤部位认真检查和维修，经验收合格后方可继续吊装，并做好维修记录。

定期巡视和检修维护时，必须对叶片运行噪声进行检查。当发现异常噪声后，应立即停机重点检查叶片表面有无开裂和破损，叶片内部有无胶粒脱落，确认无异常后机组方可投入运行，并做好检查记录。

每半年进行一次叶片检查，重点检查叶片表面有无裂纹、破损及雷击痕迹，叶片内部主梁、副梁和蒙皮连接处是否存在发白、裂纹、褶皱、鼓包、黏接开裂的缺陷，发现异常后应及时进一步检查处理。

叶片前后缘开裂、叶尖开裂时，应立即停机开展检查和修复工作。在损伤修复之前，禁止机组投入运行。

基础施工结束后，必须测量机组工频接地电阻，阻值不应大于4Ω。投产后的风电机组，应每年进行一次基础工频接地电阻检测，不合格或与往年相比明显变大时，要立即查明原因，并进行必要的整改。雷害严重的风电场在必要时应测量机组接地装置的冲击接地电阻，电阻值应小于 10Ω或不大于设计值。

大风、暴雪、冰冻等极端天气后，应加强叶片的巡视检查。雷雨过后，要及时检查机组（特别是山坡迎风面）叶片有无哨音，有无雷击痕迹；对于有雷击痕迹的机组应一步检查叶片内部防雷引线是否完好，检查接闪器

附近区域是否有烧灼，并及时检查避雷器动作情况，记录放电数据。

叶片表面结冰后，应按照厂家技术规范采取远程停机、限功率运行等措施，在未采取可靠措施前，严禁覆冰机组投入运行。

（4）防止齿轮箱严重损坏。

风电机组齿轮箱设计、零部件选择、装配等应符合国家标准及制造商技术标准，并严格执行各级质量验收。

定期检查齿轮箱运行噪声及振动情况，发现异常后应立即检查齿轮箱弹性支撑和固定螺栓，以及齿面、轴承和润滑油状况，并对齿轮油滤芯吸附的铁屑情况进行细致检查。

定期检修维护时，必须严格检查齿轮箱弹性支撑固定螺栓、齿轮箱收缩盘固定螺栓的紧固扭矩，并做好螺栓防松标示线。

每年更换一次齿轮油滤芯、辅助滤油系统滤芯，并对滤芯吸附的铁屑情况进行检查。情况严重的齿轮箱应立即开展箱体内窥镜检查，并对油液检测分析，在故障确认之前，禁止机组投入运行。

每年进行一次齿轮油油样检测，并做好数据对比分析工作。如检测数据明显异常，应立即开展箱体内窥镜检查及必要的齿轮油更换。

严禁屏蔽齿轮箱油位、油压和温度信号；加强对机组急停故障的分析和处理，尽量降低机组急停次数，减少对齿轮箱的冲击损伤。

机组发生齿轮油滤芯堵塞故障报警后，应立即停机检查滤芯吸附的铁屑情况，若滤芯污染严重，需对齿轮箱进行进一步检查，不得直接更换滤芯，严禁远程复位故障。

冬季长时间停运的机组，投运前应检查齿轮油加热器，以及齿轮油循环、冷却回路工作是否正常。

齿轮箱更换过程中，应严格按照厂家技术规范要求对齿轮箱收缩盘位置进行调整和测量，严格按照厂家技术规范要求对收缩盘螺栓进行紧固。

齿轮箱更换后，必须按照作业指导书的要求对齿轮箱和发电机进行对中，并做好记录。

每年对齿轮箱弹性支撑进行检查，发现弹性支撑明显位移或不对称的情况，及时排查主轴及齿轮箱。

（5）防止发电机严重损坏。

定期检查发电机运行噪声及振动情况，发现异常必须查明原因并及时处理，必要时应进行振动监测。

定期检修维护时，必须检查发电机地脚螺栓、弹性支撑固定螺栓、发电机定转子固定螺栓的紧固扭矩，并做好防松标示线；定期检查发电机连接电缆有无破损、裂纹和绝缘老化现象。

定期检修维护时，应严格按技术要求对发电机前后轴承加入规定剂量的润滑脂，并清理废旧油脂。对于安装自动加脂器的机组，应定期检查润滑脂存储量，测试加脂系统工作正常，油路畅通；新更换的润滑泵需按照技术要求设定加脂时间。

发电机与齿轮箱每年必须进行一次轴对中检测，发现数据超出厂家规定的允许值时，应及时分析原因并进行对中调整。

每年进行一次发电机绕组直流电阻和绝缘电阻测试工作。风电机组停运时间超过 240h 或发生暴雨、台风、冰冻等恶劣自然灾害后，必须测量发电机定转子绝缘。

每年进行一次发电机集电环和发电机连接电缆的绝缘电阻测试工作。

发电机转子碳刷、刷握和压簧应满足设计要求。定期检修维护时，必须检查发电机集电环和碳刷的磨损情况，测试磨损监测传感器是否正常，清扫刷架、滑环和碳刷，更换长度不符合要求的碳刷并更换压力不符合要求的压簧。碳刷必须经过打磨处理，保证碳刷在刷握中活动自如并与集电环接触良好。每次更换碳刷数量不宜超过整圈数量的三分之一。

定期检修维护时，应检查发电机转子接线盒与碳刷室之间的电缆孔洞封堵是否严密，防止碳粉进入转子接线盒，降低电缆绝缘性能。

风电机组满功率运行时，应重点对发电机转速、温度、电压、电流等主要参数进行监控，发现异常，立即停机登塔检查。严禁发电机超负荷长时间运行。

定期巡视和检修维护时，应检查永磁直驱发电机的定子风道有无放电或熏黑的痕迹；发电机自由转动时，仔细聆听内部有无异常响声，发现异常后应立即进一步检查处理。

发电机维修后，应检查定转子气隙或端部等各部件缝隙，确保无遗留物。

发电机更换后，必须按照作业指导书的要求对齿轮箱和发电机进行对中，并做好记录；发电机定转子电缆接线完毕后，必须核对相序。

（6）防止柔性塔筒涡激振动。

使用柔性塔筒风电机组吊装需预测吊装期间风速，不得超过厂家规定；达到厂家规定高度后使用缆风绳和扰流条。吊装过程准备充分，最后一节塔筒与机舱必须同时吊上，避免无机舱长时间放置。

机舱安装后塔筒扰流条保持安装，并使用机舱缆风绳。如存在风轮无法及时吊装，在此期间需要每天派人巡视机组扰流条及缆风绳安装情况。

风轮吊装结束后执行变桨抗涡，将三支桨叶角度分布设置为厂家规定角度，并拍照确认叶片在空中的姿态。吊装人员在离开风机前确认叶片保持在抗涡激角度，叶片角度正确。在执行变桨抗涡激操作成功后，才允许拆除塔筒扰流条和机舱缆风绳。吊装完成后应尽快将液态阻尼器正确就位。

运行风电机组掉电后，应在监控系统上确认风机是否进入变桨抗涡激模式；优先对出现通信中断，或者报出未进入抗涡激模式的风机就地检查确认是否存于抗涡激模式，风机断电后所有机位100%目视巡检。针对掉电后未进入抗涡激的风机，应尽快使用发电机供电完成手动变桨抗涡激操作。

风电机组就地维护和检修时，应手动将风机置于变桨抗涡激状态，变桨功能受限时，可以手动偏航对风抑制涡激。叶片螺栓维护过程中发现振动过大，应在确保两支桨叶在安全位置的情况下，将作业中的桨叶手动变桨至零度。

风电机组发生安全链故障，应优先快速恢复安全链故障，或手动偏航抗涡、手动变桨抗涡。变桨系统故障时，如果振动过大，可在两支叶片大于 85° 的情况下，将任一可控桨叶手动变桨至 0°，激活变桨抗涡；如果三支桨叶均不受控，执行手动偏航对风操作，待振动减小后再进入轮毂执行手动变桨抗涡。

不拆除叶轮更换大部件时，首选主控变桨抗涡策略；主控变桨抗涡策略不可用时，使用手动偏航对风+机舱缆风绳抗涡策略；在风轮锁定的情况下，使用变桨抗涡激方案，应确保 0° 桨叶角需处于风轮水平线以上。

叶片更换时首选机舱缆风绳或塔筒缆风绳抗涡策略，缆风绳方案受限时可采用扰流条方案。

三、安全生产事故隐患排查治理

事故隐患是指生产经营单位违反安全生产法律、法规、规章、标准、规程和安全生产管理制度的规定，或者因其他因素在生产经营活动中存在可能导致事故发生的物的危险状态、人的不安全行为和管理上的缺陷。事故隐患分为一般事故隐患和重大事故隐患。

一般事故隐患是指危害和整改难度较小，发现后能够立即整改排除的隐患。

重大事故隐患是指危害和整改难度较大，应当全部或者局部停产停业，并经过一定时间整改治理方能排除的隐患，或者因外部因素影响致使生产经营单位自身难以排除的隐患。

对控股但不负责管理的子企业，各相关单位应与管理方商定管理模式，按照有关法律法规的要求，通过经营合同、公司章程、协议书等明确事故隐患排查治理责任、目标和要求等。

对参股并负责管理的企业，各相关单位应按照有关法律法规的要求，与参股企业签订安全生产管理协议书，在协议书中明确事故隐患排查治理责任。

1. 组织与职责

事故隐患排查治理工作由各级安全生产委员会领导下，各业务部门按照谁主管谁负责的原则分别实施。安委会的职责如下：

（1）组织公司安全生产事故隐患排查治理工作；

（2）监督指导各单位对重大事故隐患的治理。

公司安全管理部门的职责如下：

（1）贯彻落实国家和集团公司有关安全生产事故隐患排查治理工作要求，组织各单位开展安全生产隐患排查治理工作；

（2）负责制订公司安全生产隐患排查治理制度，督促各单位逐级建立并落实从主要负责人到每个员工的安全生产隐患排查治理和监控责任制；

（3）负责对各单位开展安全生产隐患排查治理工作进行指导、检查和考核；

（4）负责公司系统内安全生产隐患排查治理统计分析汇总，并向集团公司有关部门上报统计表。

分公司安全管理部门的职责如下：

（1）贯彻落实国家和地方政府安全监管部门有关安全生产事故隐患排查治理工作要求，以及集团公司和公司的相关规定。

（2）负责建立健全本单位安全生产事故隐患排查治理和建档监控等制度，逐级建立并落实从主要负责人到每个从业人员的隐患排查治理和监控责任制。

（3）保证安全生产事故隐患排查治理所需的资金，建立资金使用专项制度。

（4）组织各级人员开展安全检查、排查本单位的事故隐患，对排查出的事故隐患，按照事故隐患的等级进行登记，建立事故隐患信息档案，及时将事故隐患上传至安全生产与应急管理信息系统，并按照职责分工实施监控治理。对于重复出现的事故隐患，组织各级人员查找深层次原因。

（5）落实重大隐患分级挂牌督办、跟踪治理制度，组织技术人员和专家对重大事故隐患的治理情况进行评估。

（6）负责所属项目公司安全生产隐患排查治理统计分析汇总，并向公司安全管理部门上报统计表。

（7）负责监督指导所属项目公司对合同承包单位安全生产事故隐患排查治理的统一协调和监督管理以及履行对合同承包单位安全检查、事故隐患排查、治理和防控的监管职责。

2. 事故隐患排查的分类

根据隐患的产生原因和可能导致电力事故事件类型，隐患可分为人身安全隐患、电力安全事故隐患、设备设施事故隐患、大坝安全隐患、安全管理隐患和其他事故隐患等六类。

根据隐患的危害程度，隐患分为重大隐患和一般隐患。其中：重大隐患分为Ⅰ级重大隐患和Ⅱ级重大隐患。

一般隐患是指可能造成电力安全事件，直接经济损失 10 万元以上、100 万元以下的电力设备事故，人身轻伤和其他对社会造成影响事故的隐患。

重大隐患是指可能造成一般以上人身伤亡事故、电力安全事故，直接经济损失 100 万元以上的电力设备事故和其他对社会造成较大影响事故的隐患。

（1）Ⅰ级重大隐患主要包括：

1）人身安全隐患：可能导致10人以上死亡，或者50人以上重伤事故的隐患；

2）电力安全事故隐患：可能导致发生国务院第599号令《电力安全事故应急处置和调查处理条例》规定的较大以上电力安全事故的隐患；

3）设备设施事故隐患：可能造成直接经济损失5000万元以上设备事故的隐患；

4）大坝安全隐患：可能造成水电站大坝或者燃煤发电厂贮灰场大坝溃决的隐患；

5）其他事故隐患：可能导致发生《国家突发环境事件应急预案》规定的重大以上环境污染事故的隐患。

（2）Ⅱ级重大隐患主要包括：

1）人身安全隐患：可能导致1人以上、10人以下死亡，或者1人以上、50人以下重伤事故的隐患；

2）电力安全事故隐患：可能导致发生《电力安全事故应急处置和调查处理条例》（国务院第599号令）规定的一般电力安全事故的隐患；

3）设备设施事故隐患：可能造成直接经济损失100万元以上、5000万元以下的设备事故的隐患；

4）大坝安全隐患：可能造成水电站大坝漫坝、结构物或边坡垮塌、泄洪设施或挡水结构不能正常运行的隐患，或者造成燃煤发电厂贮灰场大坝断裂、倒塌、滑移、灰水灰渣泄漏、排洪设施损坏的隐患；

5）安全管理隐患：安全监督管理机构未成立，安全责任制未建立，安全管理制度、应急预案严重缺失，安全培训不到位，发电机组（风电场）并网安全性评价未定期开展，水电站大坝未开展安全注册和定期检查，燃煤发电厂贮灰场大坝未开展安全评估等隐患；

6）其他事故隐患：可能导致发生《火灾事故调查规定》（公安部第108号令）和《公安部关于修改〈火灾事故调查规定〉的决定》（公安部第121号令）规定的火灾事故隐患；可能导致发生《国家突发环境事件应急预案》规定的一般和较大等级的环境污染事故的隐患。

3. 事故隐患排查内容及要求

公司各单位应当依照法律、法规、规章、标准和规程的要求进行隐患排查工作，隐患排查的主要内容：安全管理责任是否落实、安全管理制度是否完善、教育培训是否到位、风险辨识是否及时准确、预控措施是否安全可靠、安全技术交底是否到位、生产过程监控是否动态受控、隐患整改是否闭合、事故险情是否按照“四不放过”原则执行。

隐患排查的具体要求：

（1）各单位应认真对待各种形式的隐患排查，坚持综合检查、日常检查和专项检查相结合的原则，做到隐患排查制度化、标准化、经常化。

（2）对法定的检测检查和政府部门督查，各单位应积极配合，按照规范标准定期开展法定检测工作。对政府部门组织的督查，各单位应将检查情况及时向集团公司报告。

（3）各单位开展安全综合检查和专项检查，应成立由单位领导负责、有关专业部门专业人员参加的隐患排查组织，提出明确计划。参加人员应有相应的知识和经验，熟悉有关标准和规范。

（4）隐患排查应依据充分、内容具体，必要时编制检查表，科学、规范开展隐患排查活动。

（5）隐患排查应认真填写检查记录，对查出的问题，检查人员或检查组应向被检单位提交事故隐患整改通知单。对于综合检查和重要的专项检查，检查组须做好安全检查总结工作。

（6）对隐患和问题的整改情况，各单位应进行复查，跟踪督促整改措施的落实，实现闭合管理。

4 事故隐患排查的方式

隐患排查的方式分为外部排查和内部排查。外部排查是指按照国家安全、卫生法规要求的法定监督、检测检查以及地方政府部门、集团公司组织的安全督查；内部排查是公司各单位内部根据生产情况开展计划性和临时性的自查活动。内部排查主要有综合性检查、日常检查和专项检查等方式。

（1）综合性安全生产检查，由公司安全管理部门牵头，会同有关部门联合组织实施。根据工作需要，综合检查可以与季节性、专项检查同时进行。

（2）日常检查。由项目公司组织实施，包括交接班检查、班中检查、特殊检查等。检查内容：交班检查是在交接班前，由值班人员对设备及系统安全情况进行检查，向接班人员交代检查情况。接班人员根据检查情况做好可能发生的问题及应急处置措施的预想。班中检查是值班人员在工作过程中的安全检查。特殊检查是电力运行部经理或当班值长对设备、系统存在的异常情况，所采取的加强监视运行的措施。

（3）专项检查。包括定期开展的检查、季节性检查、专业安全检查。专项检查由各单位具体组织，公司根据具体情况重点抽查或督查。

定期开展安全生产检查，由分公司组织实施。检查内容：公司每年对工程建设和电力运行印发的一般和重点危险源辨识的文件；工程建设期间按安全预评价的有关内容；电力试运行阶段按并网安全评价的有关内容。

季节性及节假日前后安全生产检查，由项目公司组织实施。检查内容：按季节变化、节假日对工程建设项目和电力生产设备进行检查，如防汛、冬季、防火、防雷、防中毒等季节，如元旦、春节、劳动节、国庆节等节日。

专业安全生产检查，由公司安全管理部门或分公司安全管理部门组织实施。检查内容：集团公司文件要求或公司统一部署开展的专项安全检查；项目公司电力运行部门对电气设备、安全工器具检测检验的专业安全检查；

职工代表不定期对安全生产的巡查根据《工会法》和《安全生产法》的有关规定，各单位工会组织职工代表进行的安全生产检查。

5. 事故隐患的登记与上报

公司各单位应对检查发现的事故隐患进行登记。一般事故隐患的登记信息主要包括：隐患级别、隐患类型、隐患部位、责任单位、整改要求和整改期限；重大事故隐患除上述信息外，应建立事故隐患排查治理档案，见附表 1。

重大事故隐患实行逐级上报制度，各单位应及时将重大事故隐患公司安全管理部门和本单位负责人，同时向当地安全监管监察部门和有关部门报告。重大事故隐患报告内容应当包括：

（1）隐患的现状及其产生原因；

（2）隐患的危害程度和整改难易程度分析；

（3）隐患的治理方案。

各单位应当每季、每年对本单位事故隐患排查治理情况进行统计分析，向公司安全管理部门报送书面统计分析表。统计分析表应当由各单位安全管理部门负责人签字。

6. 事故隐患治理

各单位应当将隐患排查治理纳入安全监管和日常生产的重要内容，完善各级各类危险源、事故隐患动态监控体系，强化事故隐患整改的闭合管理。

监控治理原则：事故隐患实行赋分级监控治理、重大事故隐患实行挂牌督办、跟踪治理。

（1）一般事故隐患由各单位组织整改。

（2）重大事故隐患由各单位负责监控治理，公司安全生产监督管理部门督办，各单位治理前应采取临时控制措施并制定应急预案，治理完成后应对治理情况进行验证和效果评估。

整改要求如下：

（1）各单位应根据隐患排查的结果，对排查出的事故隐患应向责任单位下达《事故隐患整改通知单》，其主要内容包括：编号、检查单位、被检查单位、检查日期、存在问题、整改要求、整改期限等。检查单位应督促事故隐患的整改闭合，被检查单位应按事故隐患整改“五落实”（责任单位、责任人、整改措施、投入、时限）要求及时进行整改和反馈。

（2）各单位在事故隐患治理过程中，应当采取相应的安全防范措施，防止事故发生。事故隐患排除前或者排除过程中无法保证安全的，应当从危险区域内撤出作业人员，并疏散可能危及的其他人员，设置警戒标志，暂时停产停业或者停止使用；对暂时难以停产或者停止使用的相关生产储存装置、设施、设备，应当加强维护和保养，防止事故发生。

自然灾害的预防：各单位应当加强对自然灾害的预防，对于因自然灾害可能导致事故灾难的隐患，应当按照有关法律、法规标准排查治理，采取可靠的预防措施，制定应急预案。在接到有关自然灾害预报时，应当及时向下属单位发出预警通知；发生自然灾害可能危及生产经营单位和人员安全的情况时，应当采取撤离人员，停止作业、加强监测等安全措施，并及时向公司和当地政府有关部门报告。自然灾害事件的预警按《中国三峡新能源（集团）股份有限公司突发事件预警管理办法》执行。

7. 奖励与处罚

各单位应当鼓励、发动员工主动发现和排除事故隐患的积极性。对发现、排除和举报事故隐患从而避免事故发生的有功人员，应当及时给予奖励和表彰。

各单位安全生产事故隐患排查治理过程中违反国家有关安全生产法律、法规、标准和公司管理规定的，按照相关规定给予行政处罚。

各单位及相关人员未履行安全生产事故隐患排查治理职责，导致发生生产安全事故的，按照公司有关规定，进行年度考核和相应惩处。

第三节　班组级安全教育

一、变电站管理规范

（一）一般规定

运维人员应接受相应的安全生产教育和岗位技能（设备巡视、设备维护、倒闸操作、带电检测等）培训，经考试合格上岗。

运维人员因故离岗连续三个月以上者，应经过培训并履行电力安全规程考试和审批手续，方可上岗正式承担运维工作。

运维人员应掌握所管辖变电站电气设备的各级调度管辖范围，倒闸操作应按值班调控人员或运维负责人的指令执行。

运维人员应严格执行相关规程规定和制度，完成所辖变电站的现场倒闸操作、设备巡视、定期轮换试验、消缺维护及事故处理等工作。

运维人员应统一着装，遵守劳动纪律，在值班负责人的统一指挥下开展工作，且不得从事与工作无关的其他活动。

（二）生产准备

生产准备任务主要包括：运维单位明确、人员配置、人员培训、规程编制、工器具及仪器仪表、办公与生活设施购置、工程前期参与、验收及设备台账信息录入等。

新建新能源核准后，主管部门应在 1 个月内明确新能源生产准备及运维单位。运维单位应落实生产准备人员，全程参与相关工作。

运维单位应结合工程情况对生产准备人员开展有针对性的培训。

运维单位应在建设过程中及时接收和妥善保管工程建设单位移交的专用工器具、备品备件及设备技术资料。

工程投运前 1 个月，运维单位应配备足够数量的仪器仪表、工器具、安全工器具、备品备件等。运维班应做好检验、入库工作，建立实物资产台账。

工程投运前 1 周，运维单位组织完成新能源现场运行专用规程的编写、审核与发布，相关生产管理制度、规范、规程、标准配备齐全。

在新能源投运前 1 周完成设备标志牌、相序牌、警示牌的制作和安装。

运维单位应根据相关规定开展验收工作。

工程竣工资料应在工程竣工后 3 个月内完成移交。工程竣工资料移交后，根据竣工图纸对信息系统数据进行修订完善。

（三）运行规程管理

1. 规程编制

现场运行规程是新能源运行的依据，每座新能源均应具备现场运行规程。

新能源现场运行规程分为“通用规程”与“专用规程”两部分。“通用规程”主要对运行提出通用和共性的管理和技术要求，适用于本单位管辖范围内各相应电压等级。“专用规程”主要结合变电站现场实际情况提出具体的、差异化的、针对性的管理和技术规定。

现场运行规程应涵盖站内一、二次设备及辅助设施的运行、操作注意事项、故障及异常处理等内容。

现场运行通用规程中的智能化设备部分可单独编制成册，但各智能现场运行专用规程须包含站内所有设备内容。

按照“生产牵头、专业管理、分层负责”的原则，开展现场运行规程编制、修订、审核与审批等工作。

新建（改、扩建）投运前一周应具备经审批的现场运行规程，之后每年应进行一次复审、修订，每五年进行一次全面的修订、审核并印发。

现场运行规程应依据国家、行业、公司颁发的规程、制度、反事故措施，运行检修、安质等部门专业要求，图纸和说明书等，并结合现场实际情况编制。

现场运行规程编制、修订与审批应严格执行管理流程，并填写《现场运行规程编制（修订）审批表》。《现场运行规程编制（修订）审批表》应与现场运行规程一同存放。

现场运行规程审批表的编号原则为：单位名称+运规审批+年份+编号。

现场运行通用规程由区域公司组织编制，由各区域公司分管领导组织运检、安质等专业部门会审并签发执行。按照电压等级分册，采用“区域公司名称+电压等级+现场运行通用规程”形式命名。

现场运行专用规程由自行组织编制，由分管负责人组织运检、安质等专业人员编制、会审并签发执行。每座应编制独立的专用规程，采用“单位名称+电压等级+名称+现场运行专用规程”的形式命名。

现场运行规程应在运维班及对应的调控中心同时存放。

现场运行规程格式按照 DL/T 600《电力行业标准编写基本规定》编排。

2. 规程修订

（1）当发生下列情况时，应修订通用规程：

1）当国家、行业、公司发布最新技术政策，通用规程与此冲突时；

2）当上级专业部门提出新的管理或技术要求，通用规程与此冲突时；

3）当发生事故教训，提出新的反事故措施后；

4）当执行过程中发现问题后。

（2）当发生下列情况时，应修订专用规程：

1）通用规程发生改变，专用规程与此冲突时；

2）当各级专业部门提出新的管理或技术要求，专用规程与此冲突时；

3）当设备、环境、系统运行条件等发生变化时；

4）当发生事故教训，提出新的反事故措施后；

5）当执行过程中发现问题后。

现场运行规程每年进行一次复审，由各级运检部组织，审查流程参照编制流程执行。不需修订的应在《现场运行规程编制（修订）审批表》中出具“不需修订，可以继续执行”的意见，并经各级分管领导签发执行；

现场运行规程每五年进行一次全面修订，由各级运检部组织，修订流程参照编制流程执行，经全面修订后重新发布，原规程同时作废。

3. 主要内容。

（1）通用规程主要内容：

1）规程的引用标准、适用范围、总的要求；

2）系统运行的一般规定；

3）一次设备倒闸操作、继电保护及安全自动装置投退操作等的一般原则与技术要求；

4）事故处理原则；

5）一、二次设备及辅助设施等巡视与检查、运行注意事项、检修后验收、故障及异常处理。

（2）专用规程主要内容：

1）简介；

2）系统运行（含调度管辖范围、正常运行方式、特殊运行方式和事故处理等）；

3）一、二次设备及辅助设施的型号与配置，主要运行参数，主要功能，可控元件（空开、压板、切换开关等）的作用与状态，运行与操作注意事项，检修后验收，故障及异常处理等；

4）典型操作票（一次设备停复役操作，运行方式变更操作，继电保护及安全自动装置投退操作等）；

5）图表（一次系统主接线图、交直流系统图、交直流系统空开保险级差配置表、保护配置表、主设备运行参数表等）。

（四）专项工作

1. 消防管理

运维单位应按照国家及地方有关消防法律法规制定现场消防管理具体

要求，落实专人负责管理，并严格执行。

运维单位应结合实际情况制定消防预案，消防预案中应包括应急疏散部分，并定期进行演练。消防预案内应有变压器类设备灭火装置、烟感报警装置和消防器材的使用说明。

现场运行专用规程中应有变压器类设备灭火装置的操作规定。

运维人员应熟知消防设施的使用方法，熟知火警电话及报警方法，掌握自救逃生知识和消防技能。

消防管理应设专人负责，建立台账并及时检查。

应制定消防器材布置图，标明存放地点、数量和消防器材类型，消防器材按消防布置图布置。运维人员应会正确使用、维护和保管。

防火警示标志、疏散指示标志应齐全、明显。

设备区、生活区严禁存放易燃易爆及有毒物品。因施工需要放在设备区的易燃、易爆物品，应加强管理，并按规定要求使用，使用完毕后立即运走。

在防火重点部位或场所以及禁止明火区动火作业，应填用动火工作票。

火灾处理原则：

1）突发火灾事故时，应立即根据现场运行专用规程和消防应急预案正确采取紧急隔、停措施，避免因着火而引发的连带事故，缩小事故影响范围。

2）参加灭火的人员在灭火时应防止压力气体、油类、化学物等燃烧物发生爆炸及防止被火烧伤或被燃烧物所产生的气体引起中毒、窒息。

3）电气设备未断电前，禁止人员灭火。

4）当火势可能蔓延到其他设备时，应果断采取适当的隔离措施，并防止油火流入电缆沟和设备区等其他部位。

5）灭火时应将无关人员紧急撤离现场，防止发生人员伤亡。

6）火灾后，必须保护好火灾现场，以便有关部门调查取证。

2. 防污闪管理

在大雾（霾）、降毛毛雨、覆冰（雪）等恶劣天气过程中，利用红外测温、紫外成像等技术手段，密切关注设备外绝缘状态，发现设备爬电严重时应停电处理。恶劣天气巡检时应做好防人身伤害措施。

配备智能巡检机器人的，应在大雾（霾）、毛毛雨、覆冰（雪）等恶劣天气过程中，充分利用智能巡检机器人开展设备巡视。

对周边新增污染源应及时汇报本单位运检部。

应存放最新修订的污区分布图。

每年应根据专业班组校核结果，更新设备外绝缘台账，对外绝缘配置不满足污区等级要求的设备应重点巡视。

3. 防汛管理

应根据本地区的气候特点、地理位置和现场实际，制定相关预案及措施，并定期进行演练。内应配备充足的防汛设备和防汛物资，包括潜水泵、塑料布、塑料管、沙袋、铁锹等。

在每年汛前应对防汛设备进行全面的检查、试验，确保处于完好状态，并做好记录。

防汛物资应由专人保管、定点存放，并建立台账。

雨季来临前对可能积水的地下室、电缆沟、电缆隧道及场区的排水设施进行全面检查和疏通，对房屋渗漏情况进行检查，做好防进水和排水及屋顶防渗漏措施。

下雨时对房屋渗漏、排水情况进行检查；雨后检查地下室、电缆沟、电缆隧道等积水情况，并及时排水，做好设备室通风工作。

4. 防（台）风管理

应根据本地区气候特点和现场实际，制定相应的设备防（台）风预案和措施。

大（台）风前后，应重点检查设备引流线、设备防雨罩、避雷针、绝缘子等是否存在异常；检查屋顶和墙壁彩钢瓦、建筑物门窗是否正常；检查户外堆放物品是否合适，箱体是否牢固，户外端子箱是否密封良好。

每月检查和清理设备区、围墙及周围的覆盖物、漂浮物等，防止被大风刮到运行设备上造成故障。

有土建、扩建、技改等工程作业的变电站，在大（台）风来临前运维人员应加强对正在施工场地的检查，重点检查材料堆放、脚手架稳固、护网加固、临时孔洞封堵、缝隙封堵、安全措施等情况，发现隐患要求施工单位立刻整改，防止设施机械倒塌或者坠落事故，防止雨布、绳索、安全围栏绳吹到带电设备上引发事故。

5. 防寒管理

应根据本地区的气候特点和现场实际，制定相应的设备防寒预案和措施。

秋冬交季前、气温骤降时应检查充油设备的油位、充气设备的压力情况。

对装有温控器的驱潮、加热装置应进行带电试验或用测量回路的方法进行验证有无断线，当气温低于5℃或湿度大于75%时应复查驱潮、加热装置是否正常。

根据厂站环境温度及设备要求，检查温控器整定值，及时投、停加热装置。

冬季气温较低时，应重点检查开关机构箱、变压器控制柜和户外控制保护接口柜内的加热器运行是否良好、空调系统运行是否正常，发现问题及时处理，做好防寒保温措施。

厂站容易冻结和可能出沉降地区的消防水、绿化水系统等设施应采取防冻和防沉降措施。消防水压力应满足变电站消防要求并定期检查，最低不应小于0.1MPa；绿化水管路总阀门应关闭，下级管路中应无水，注水阀应关闭。

检查设备室内采暖设施运行正常，温度在要求范围。

6. 防高温管理

应根据本地区气候特点和现场实际，制定相应的厂站设备防高温预案和措施。

气温较高时，应对主变压器等重载设备进行特巡；应增加红外测温频次，及时掌握设备发热情况。

运维人员应在巡视中重点检查设备的油温、油位、压力及软母线弛度的变化和管形母线的弯曲变化情况。

高温天气来临前，运维人员应带电传动试验通风设施和空调、降温驱潮装置的自动控制系统等，发现问题及早消缺。

加强高温天气下，设备冷却装置、通风散热设施的运维工作。应按照班组工作计划，按时开启设备室的通风设施和降温驱潮装置；并定期进行传动试验及变压器的冷却系统工作电源和备用电源定期轮换试验等工作。

加强端子箱、机构箱、汇控柜等箱（柜）体内的温湿度控制器及其回路的运维工作，定期检查清理箱体通风换气孔。对没有透气孔的老式端子箱应加装透气孔。重点检查加热驱潮成套装置超越设定限值时，温湿度自动控制器能够自动启停。

夏季高温潮湿天气下，应检查设备室温湿度测试仪表是否工作正常，指示的温度、湿度数据是否准确否则应予更换。

高温天气期间，二次设备室、保护装置在就地安装的高压开关室应保证室温不超过 30℃。

智能控制柜应具备温湿度调节功能，柜内温度应保持在+5℃以上，柜内最高温度不超过柜外环境最高温度或 40℃（当柜外环境最高温度超过50℃时）。

7. 防潮管理

各设备室的相对湿度不得超过 75%，巡视时应检查除湿设施功能是否有效。

智能控制柜应具备温度湿度调节功能，柜内湿度应保持在 90%以下。

天气温差变化大，定期检查变电站端子箱、机构箱、汇控柜内封堵、潮湿凝露情况，必要时采取除湿措施。

根据厂站环境温度及设备要求，重点检查防潮防凝露装置，及时投、停加热装置。

8. 防小动物管理

高压配电室（35kV 及以下电压等级高压配电室）、低压配电室、电缆层室、蓄电池室、通信机房、设备区保护小室等通风口处应有防鸟措施，出入门应有防鼠板，防鼠板高度不低于 40cm。

设备室、电缆夹层、电缆竖井、控制室、保护室等孔洞应严密封堵，各屏柜底部应用防火材料封严，电缆沟道盖板应完好严密。各开关柜、端子箱和机构箱应封堵严密。

各设备室不得存放食品，应放有捕鼠（驱鼠）器械（含电子式），并做好统一标识。

通风设施进出口、自然排水口应有金属网格等防止小动物进入措施。

厂站围墙、大门、设备围栏应完好，大门应随时关闭。各设备室的门窗应完好严密。

定期检查防小动物措施落实情况，发现问题及时处理并做好记录。

巡视时应注意检查有无小动物活动迹象，如有异常，应查明原因，采取措施。

因施工和工作需要将封堵的孔洞、入口、屏柜底打开时，应在工作结束时及时封堵。若施工工期较长，每日收工时施工人员应采取临时封堵措施。工作完成后应验收防小动物措施恢复情况。

9. 防鸟害管理

厂站应根据鸟害实际情况安装防鸟害装置。

运维人员在巡视设备时应检查鸟害及防鸟害装置情况，发现异常应及时按照缺陷流程安排处理。

重点检查室外设备本体及构架上是否有鸟巢等，若发现有鸟巢位置较低或能够无风险清除应立即清除。位置较高无法清除或清除有危险者应上报本单位运检部，清理前加强跟踪巡视。

10. 防沙尘灾害管理

每年风沙季来临之前，应认真做好设备室、机构箱、端子箱、汇控柜、智能柜的密封措施，必要时安装防尘罩。

定期检查厂站箱（柜）体的密封情况，对损坏的应及时更换密封胶条。

沙尘情况严重时应避免室外施工作业，及时清理、固定设备区漂浮物。

风沙尘过后，应根据情况及时进行设备清扫维护工作。

11. 防地震灾害管理

在地震灾害多发期，运维班应密切注意上一级部门发布的地震灾害预报，做好必要的防范措施。

如果运维班区域内发生具有破坏性的地震，运维人员应注意就近在屋角躲避，在室外注意远离高大建筑物，和带电设备保持安全距离，以避免触电和机械伤害，并且迅速开展自救。

地震预警解除后，在保证人员安全前提下，应组织运维人员尽快对变电站进行全面巡查，主要检查范围包括：

1）保护、自动化、附属设施、变压器消防等屏柜有无信号发出。

2）厂站建筑有无受损，墙体裂纹、基础塌陷、门窗变形损坏等。

3）设备架构有无倾斜，基础有无沉降。

4）充油设备本体连接部位有无震动造成渗漏，变压器与安装基础之间有无产生位移。

5）检查站用电源、直流系统是否完好，通风、照明及给排水系统运转正常。

6）避雷针、阻波器、母线支持绝缘子等高架安装的设备，检查其连接、悬挂点有无变形受损。

12. 防外力破坏管理

加强厂站门禁及安全保卫管理，做好变电站防外力破坏、防恐事故预案和演练工作。

定期检查厂站围墙、栅栏有无破损，装设的屏障、遮栏、围栏、防护网等警示牌齐全，检查安全监控系统、视频监控系统等告警、联动功能可靠。

定期检查厂站内电缆及电力光缆的保护套管，隧道、沟道井盖保护盖板完好。

定期检查厂站围墙孔洞的金属网应完好，锈蚀损坏后应及时维修。

应建立厂站周边树木、大棚、彩钢板房等隐患台账，并会同电力设施保护部门及时下达隐患整改通知书。

熟知报警电话，遇有恐怖破坏人员袭击变电站等危急情况时，应及时报警。

13. 危险品管理

站内的危险品应有专人负责保管并建立相关台账。

各类可燃气体、油类应按产品存放规定的要求统一保管，不得散存。

备用六氟化硫（SF_6）气体应妥善保管，对回收的六氟化硫（SF_6）气体应妥善收存并及时联系处理。

六氟化硫（SF_6）配电装置室、蓄电池室的排风机电源开关应设置在门外。

废弃有毒的电力电容器、蓄电池要按国家环保部门有关规定保管处理。

设备室通风装置因故停止运行时，禁止进行电焊、气焊、刷漆等工作，禁止使用煤油、酒精等易燃易爆物品。

蓄电池室应使用防爆型照明、排风机及空调，通风道应单独设置，开关、熔断器和插座等应装在蓄电池室的外面，蓄电池室的照明线应暗线铺设。

二、陆上风电场安全例行工作

1. 风电场运行要求

（1）系统运行应保证站内电压正常，符合电网运行要求，并配有无功补偿系统，满足异常情况下的电压调整，电压调整应根据调度下达的电压曲线进行。因系统原因长期不投入运行的无功补偿装置，每 6 个月应在保证电压合格的情况下，投入一定时间，对设备状况进行试验。

（2）直流系统作为独立的电源应具有可靠性和稳定性，特别要防止交流电压、电流串入直流回路。

（3）站内所有电气设备的五防功能完善，防误闭锁装置运行正常，微机五防闭锁装置的电脑钥匙必须按照有关规定严格管理。

（4）运维人员应严格执行调度命令，并根据《电站现场运行规程》的规定进行相应的操作，对指令产生疑问时，应及时向调度提出，确认无误后再进行操作。如运维人员认为所接受的调度命令不正确时，应对发布指令的上级调度员提出意见，如上级值班调度员重复他的指令时，运维人员必须迅速执行。如执行该指令确实会直接威胁人员、设备或系统的安全时，则运维人员应拒绝执行，并立即将拒绝执行的理由及改正指令内容的建议报告上级值班调度员和本单位直接领导人。

（5）运维人员应定期对监控系统数据备份进行检查，确保数据的准确、完整。

（6）电站数据采集与监控系统软件的操作权限应分级管理，未经授权不能越级操作。系统操作员应履行审批手续，方可进行系统的参数设定、数据库修改等；所有操作必须由两人完成，并做好相关修改记录。

（7）运维人员对监控系统、AGC/AVC 系统、光功率预测系统的运行状况进行监视，保持汇流箱、逆变器、箱式变压器通信畅通，设备监控系统运行正常，光功率预测系统预测准确性满足电网调度考核要求，设备异常后应及时处理。

2. 运行人员的基本要求

（1）运行人员应经过培训并考试合格，且健康状况符合上岗条件，熟练掌握触电、溺水及烧伤等急救方法，掌握安全工器具、防护用具、消防器材、逃生装置等使用方法；涉及特种作业的人员应按照规定持证上岗。

（2）新聘人员应经过至少 3 个月的实习，实习期内不得独立工作；接受调度机构值班调度员调度指令的人员应参加电网调度部门组织的电力业务培训，持证上岗。

（3）掌握水上漂浮光伏设备的工作原理、基本结构和运行操作，具备必要的机械、电气知识。

（4）熟悉生产设备各种状态信息、故障信号和故障类型，掌握判断一般故障原因和处理方法。

3. 投运要求

新设备投运前应编制《陆上风电机组运行规程》《陆上风电机组检修规程》《陆上风电机组安全规程》《陆上风电机组作业指导书》《陆上风电机组维护指导书》《陆上风电机组巡检手册》等。

4. 特殊安全事项

风电场一般位于山势较高的地方，道路崎岖，机动车驾驶员应具备专职驾驶经验，无交通责任、事故记录。车辆状况、各项安全技术性能必须保持完好，并按规定年检。按照公司及《中华人民共和国道路交通法》规定，遵守交通规则，保证出行安全。

5. 事故案例分析

事故案例 1

事故经过：2017 年 10 月 10 日晚，甘肃某工业园内 5MW 风电机组施工现场，当起吊主机舱里地面大约 2m，在向左移动后不久，随即向右回摆，同时有“咔咔”的声音传出，1000t 履带吊车吊臂出现倾斜，大约 15s 后，吊臂根部完全断裂侧向倾倒，断裂的吊臂正好砸在地面停放的车辆上，如图 3－1 所示，事故造成 5 人死亡，1 人受伤。

图 3-1　断裂的吊臂砸向车辆

事故原因分析：

（1）现场履带吊路基板倾斜度超标，导致吊臂倾斜，在起吊过程中产生侧向屈曲变形。同时由于起重机本身质量问题，当回转操作时，受回转惯性载荷影响，瞬间侧向载荷超出起重机主要受力构件的强度极限，吊臂根部断裂，造成履带吊倾翻。

（2）现场车辆停放在吊装区域内，未保证安全距离，车辆连同车内人员被断裂的吊臂砸中，造成人员伤亡。

（3）现场安全管理不到位，对施工现场未实施有效的安全管理。未划定作业危险区域并拉警戒线，未清除吊装范围内的无关车辆和人员。

事故案例 2

事故经过：2016 年 4 月 29 日上午 9 时，某风电场开始进行 40 号风电机组出质保三方终检验收工作。该机组为 1.5MW，机组塔高 65m。工作班由 3 人组成，风机制造单位贾某某为工作负责人，风机维护单位孙某某、业主单位刘某某为成员。

12 时 40 分左右完成机舱内终检验收工作内容，业主单位员工刘某某第一个离开机舱准备下风机，贾某某、孙某某 2 人在机舱收拾工具，大约 2～3min 后，塔筒内传出异常声音，发出很大声响，贾某某大声呼喊刘某

某没有得到回应，孙某某赶紧下塔，发现刘某某趴在一层平台爬梯底部，身体周围及塔筒内壁有大量血迹。孙某某发现出事后立即告知在塔桶外等候的司机，司机随即拨打120电话，并向风电场场长报告。县医院急救车于14时30分赶到事故现场，经医务人员确认刘某某已无生命体征。

事故原因分析：

（1）刘某莫违反操作规程。登风机塔筒前未携带安全滑块（防坠锁扣），下塔时不能使用安全滑块锁定安全钢丝绳（相当于未系安全带）。

（2）工作负责人贾某某未完全履行监护职责，未对工作班的安全防护用品进行检查，也未对工作人员安全防护用品的使用状况进行检查。

（3）企业负责人未督促从业人员严格执行本单位的安全生产规章制度和安全生产操作规程。生产安全事故隐患排查不彻底，对员工不按要求系安全带的行为未发现并纠正。

（4）企业安全教育培训不到位，员工安全意识、自我保护意识不强。

事故案例3

事故经过：2017年2月7日，某风电场值班室接到牧民电话报告，风场内一台1.5MW风机起火，如图3-2所示。当时该台风机由于变频器故障，有两名风机厂家维护人员正在现场进行故障消缺工作。随后业主、消防队员等相关救援人员赶到现场。消防人员在塔筒第二层平台处发现一名遇难人员（未系安全带、未戴安全帽，头部着地），另外一人失踪。由于消防设备扬程不能达到80m的火灾高度，现场无法对火灾进行控制，大火持续了近12h，机组明火至8日凌晨3点左右自然熄灭。

图3-2　风机起火

事故造成风机机舱全部烧毁，3个叶片不同程度损伤。

事故原因分析：

（1）在进行变频器（变频器位于机舱）故障消缺过程中，维修人员违规带电操作，导致变频器电路短路，进而引发火灾。其中1人由于触电或在救火过程中吸入有毒气体，未能逃离机舱。另 1 人在逃生过程中未系安全带、戴安全帽，慌乱下塔发生高空坠落。

（2）工作票执行存在问题，未对风机变频器检修风险点进行详细分析并做好安全措施。

（3）安全培训工作不到位，风机检修人员安全意识不强，存在变频器检修违规带电操作的问题。

（4）未制定风机火灾逃生应急预案并对相关人员进行针对性培训。

三、光伏电站安全例行工作

1. 系统运行

（1）电气部分工作规程应按照 GB 26860《电力安全工作规程　发电厂和变电站电气部分》、GB/T 7354《高电压试验技术　局部放电测量》、DL/T 572《电力变压器运行规程》、DL/T 603《气体绝缘金属封闭开关设备运行维护规程》、DL/T 639《六氟化硫电气设备运行、试验及检修人员安全防护导则》的有关规定执行，消防安全应按照 DL 5027《电力设备典型消防规程》的有关规定执行。

（2）漂浮式光伏电站的新建、扩建、改建工程，以及检修后的一、二次设备和自动化、通信设备必须按照有关规程标准验收合格后，方能投入系统运行。新扩改建工作必须由运维班组织编写详细的验收标准要求，站内根据运维班统一要求开展具体过程验收，确保过程验收全面到位。二次保护装置新投换型的验收工作，要求运维人员和检修人员共同逐一核对确认全屏压板功能，检修人员须将压板功能及投退注意事项向运维人员全面交待清楚，必要时写进检修记录留存，确保所有压板（含备用及取消压板等）名称定义准确，投退要求清晰明了。

（3）系统运行应保证站内电压正常，符合电网运行要求，并配有无功补偿系统，满足异常情况下的电压调整，电压调整应根据调度下达的电压曲线进行。因系统原因长期不投入运行的无功补偿装置，每 6 个月应在保证电压合格的情况下，投入一定时间，对设备状况进行试验。

（4）直流系统作为独立的电源应具有可靠性和稳定性，特别要防止交流电压、电流串入直流回路。

（5）站内所有电气设备的五防功能完善，防误闭锁装置运行正常，微机五防闭锁装置的电脑钥匙必须按照有关规定严格管理。

（6）运维人员应严格执行调度命令，并根据《电站现场运行规程》的规定进行相应的操作，对指令产生疑问时，应及时向调度提出，确认无误后再进行操作。如运维人员认为所接受的调度命令不正确时，应对发布指令的上级调度员提出意见，如上级值班调度员重复他的指令时，运维人员必须迅速执行。如执行该指令确实会直接威胁人员、设备或系统的安全时，则运维人员应拒绝执行，并立即将拒绝执行的理由及改正指令内容的建议报告上级值班调度员和本单位直接领导人。

（7）运维人员应定期对监控系统数据备份进行检查，确保数据的准确、完整。

（8）电站数据采集与监控系统软件的操作权限应分级管理，未经授权不能越级操作。系统操作员应履行审批手续，方可进行系统的参数设定、数据库修改等；所有操作必须由两人完成，并做好相关修改记录。

（9）运维人员对监控系统、AGC/AVC 系统、光功率预测系统的运行状况进行监视，保持汇流箱、逆变器、箱式变压器通信畅通，设备监控系统运行正常，光功率预测系统预测准确性满足电网调度考核要求，设备异常后应及时处理。

2. 运行人员的基本要求

（1）运行人员应经过培训并考试合格，且健康状况符合上岗条件，熟练掌握触电、溺水及烧伤等急救方法，掌握安全工器具、防护用具、消防器材、逃生装置等使用方法；涉及特种作业的人员应按照规定持证上岗。

（2）新聘人员应经过至少 3 个月的实习，实习期内不得独立工作；接受调度机构值班调度员调度指令的人员应参加电网调度部门组织的电力业务培训，持证上岗。

（3）掌握水上漂浮光伏设备的工作原理、基本结构和运行操作，具备必要的机械、电气知识。

（4）熟悉生产设备各种状态信息、故障信号和故障类型，掌握判断一般故障原因和处理方法。

3. 设备设施规定

（1）船只、码头及航道。

1）船只必须由专人驾驶，驾驶员资格符合规定，持证上岗，严格按照海事部门的要求，做到“三证一牌一线”齐全有效。

2）在光伏场区水面驾驶船只时，严禁超员，严格按照船只专用航道航行，离靠码头要观察好周围有无船只及危险物，确认无危险方可航行。

3）船只航道应设置明显标示、指示，航道宽度及深度应满足船只行驶要求，航道内无水草、树木、杂物等影响船只行驶的异物。

4）依据现场实际情况为船只配置必要的无线通信设备。

5）码头明显处设立乘船须知及注意事项，码头应设置防滑、消防、救生等防护安全设施，码头应设置安全可靠的码头系泊设备、防冲设备、船岸连接设施和护栏。

6）船岸连接的引桥或渡板应设防滑设施，且设置固定或活动式护栏，护栏外侧应设置防护网。

7）水面达四级风以上、水面视线不清天气、雨、雪等恶劣天气、超员超载、船只的安全设施存在故障或配备不足不得出船。

8）如特殊需要航行至航道不明确时，做到认真躲让或测水前进，不盲目行驶，有碰撞危险时做到及时准确采取措施，避免事故，减少事故损失。

9）必须配备水上安全救生器材、灭火器材和急救箱方可出船。

（2）水质检测及水位监测。

1）每年定期开展水质检测，若水质不合格，应与上次检测合格的结果对比分析，并应采取措施治理。

2）水上场区水位变化应在设计安全水位内，日常运维检查绳索的连接部位是否松动，以及绳索的松紧程度。

3）水位低于警戒水位时，需采取补水措施。

4）水位高于警戒水位时，需采取排水措施。

（3）防雷与接地。

1）各设备的接地应单独与附近的接地网相连，不允许多个设备并接或串接同一接地点。

2）浮体上的接地网应整齐美观，引至设备端、支架端或其他构件端应有接地标识。

3）水深小于 10m 的光伏场区，可采用水中固定垂直接地体到水底土壤层的方式，深度满足设计要求。

（4）警示标识。

1）光伏场区应设置安全告知牌、乘船须知牌、水面围栏及“禁止翻越”“水深危险”“禁止游泳”“高压危险”“禁止垂钓”“当心落水”“必须穿救生衣”等警示标识牌，并在船只上设置“禁止倚靠”警示标识牌。

2）消防设备及设施应符合下列规定：

a. 应按照 DL 5027 的有关规定配置适当的消防设施、器材和消防安全标志；

b. 水面上应设置环形消防通道，安全消防通道应时刻保持畅通。

（5）运行记录。

1）记录光伏组件、汇流箱、逆变器、箱式变压器、输电线路、升压变电站设备的参数变化情况。

2）根据监控系统的运行参数异常变化情况，进行必要的运行分析和处理。

3）按时完成运行日志、运行日报、月报、年报、气象记录（辐照度、气温等）、“两票”、缺陷记录、设备定期试验记录、消缺记录等的填写与报送工作。

4）应定期与历史数据进行对比，发现异常应及时汇报、分析、处理。

（6）生产运行经济分析。

1）专题分析由值班负责人根据可能出现的问题，组织当值人员进行，每值每月至少一次。

2）电站运行负责人每季至少组织一次运行分析会。运行分析会的内容至少应包括：

a. 人员培训（具体培训内容、项目、效果）；

b. 标准化工作开展的情况（执行情况、存在的问题、提出建议）；

c. 缺陷分类分析；

d. 倒闸操作效率分析；

e. 负荷特点分析；

f. 重大操作的危险点辨识与分析；

g. 运行分析结果；

h. 设备运行状况。

（7）备品备件管理。

1）光伏发电站应根据使用的设备数量和品种，购置适当的备品备件及专用工器具。

2）备品备件所带的技术资料应妥善保管。

3）备品备件用专用工器具应按规定的储存条件进行保管。

4. 事故案例分析

事故案例 1

事故经过：2017 年 2 月 5 日，某光伏电站巡检人员检查至 15 区逆变器小室时发现，逆变器小室有焦臭味，27 号逆变器停运，随即电话通知电站厂长。随后厂长带领委托运行单位项目经理等人赶到 15 区逆变器小室。打开直流侧柜门发现一根直流进线电缆的绝缘层过热熔化，正负极导体搭碰，电缆冒烟且故障呈发展态势。拉开交、直流侧开关，并进入组件阵列，试图拔掉所有汇流箱熔丝以隔离故障点，但因正负极短路点一直存在，各汇流箱提供的短路电流很大，直接拔断熔丝将引起电弧。之后逆变器直流进线柜冒出明火。现场人员立即组织使用灭火器灭火，但因无法彻底隔离正在发电的各汇流箱，短路电流一直存在，灭火效果不佳，经半小时后明火自然熄灭。

事故原因分析：

（1）逆变器直流侧进线电缆敷设过程中受外力伤害，绝缘层被划伤，电缆正负极短路是造成起火的直接原因。

（2）柜体设计存在安全隐患，汇流箱中总出线保护设计为熔断器而不是直流空气开关、逆变器进线侧电缆直接上母排无隔离点，造成电缆短路故障无法切除。汇流箱送出至逆变器的电缆短路时，无有效隔离手段，是造成事故扩大的原因。事故时，因为短路点一直存在，熔断器中一直流过短路电流，导致无法拔出熔断器以隔离故障点。而短路电流未达到熔断器熔断定值，所以熔断器不能熔断。

事故案例 2

事故经过：2019 年 07 月 18 日，江西某 20MW 光伏电站在日常巡检过程中，发现 2 方阵 7 号组串有多块组件接线盒有鼓包现象，现场进行测量开路电压为 12.25V，远远低于组件额定值 37.7V。检查汇流箱内的浪涌保护器大部分损坏。经现场排查，2 方阵 7、8、10 号组串接线盒有鼓包击穿现象，汇流箱支路保险击穿。之后组织对雷击区域进行组件，并进行更换。经现场检测统计，因雷击造成组件损坏共计 242 块，分布在 2、5、10 号方阵。运维单位组织编制《光伏区雷击组件维修施工方案》，将故障组件全部更换。在光伏组件边框安装线径不小于 4cm^{2}接地线，组件与组件之间使用小接地线进行有效连接，接地线紧固螺丝全部更换并做防腐处理。

事故原因分析：

（1）本次雷击事故主要发生在光伏区 2、5、10 号方阵，周边地势平坦，无较高树木，不具备引雷条件，且和其他方阵距离也很近，根据现场情况来看，没有特殊性，所以发生雷击事件应属于偶然原因，排除周边环境引雷的可能。

一般雷击对光伏场地阵列产生的损害主要分为以下几点：

1）对太阳能组件的损害。太阳能电池由半导体硅材料制作而成，雷击主要会对硅材料或体内 PN 结产生伤害，破坏电池片 PN 结晶体场，使电池片 PN 结产生缺陷，引起杂质的迁移，最终会导致半导体寿命下降，影响太阳能电池组件的使用寿命或直接造成组件的损坏。

2）对保护器件的损害。对浪涌保护器破坏性冲击，造成功能失效，如未及时发现，将无法保护设备而引起损失；对组件旁路二极管造成破坏，雷电的过电流极易损坏旁路二极管，导致组件的保护功能损坏。

（2）现场经第三方防雷检测机构测量光伏区主接地网未采用 50mm×5mm 截面的热镀锌扁钢，设备引下线未采用 50mm×5mm 截面的热镀锌扁钢，接地电阻不合格。接地装置严重腐蚀生锈。光伏支架和光伏组件边框接地线线径和材质不符合设计要求，组件与组件之间大部分未跨接接地。接地线紧固螺丝全部锈蚀。

此次雷击事故的发生，暴露出电站在施工建设时，防雷接地未按设计要求施工，且现场在雷雨季节到来之前，未定期组织开展防雷接地测试，巡视过程中，对组件接地线脱落、锈蚀未进行全面分析和整改。

四、海上风电场安全例行工作

1. 运行原则

（1）海上风电机组运行工作必须贯彻“安全第一、预防为主、综合治理”的方针，严格执行国家电力安全工作的有关规定，预防运行过程中不安全现象和设备故障的发生，杜绝人身、电网和设备事故。

（2）海上风电机组设备运行应坚持“远程监视及现场巡视相结合”的原则，根据设备运行情况制定工作计划，消除设备存在的缺陷和隐患。

2. 对运行人员的要求

（1）运行人员应参加技术培训，掌握触电急救、海上求生、海上平台消防、海上急救及相关设施使用等方面的相关技能，掌握窒息急救法、落水、烧伤、外伤、气体中毒等急救常识，并取得相应的技术资质。

（2）掌握设备的工作原理、基本结构和运行处理方法。

（3）掌握设备及海上应急设施的各种状态信息、故障信号和故障类型，掌握判断一般故障的原因。

（4）掌握运行各项规章制度，熟悉有关标准、规程。

（5）了解电网、海事及海洋部门的相关规定。

（6）满足 DL/T 666《风力发电场运行规程》相关要求。

3. 设备在投入运行前应具备的条件

（1）设备安装、静态调试、动态调试完成并通过验收。

（2）各部件各装置（动力电源、控制电源、安全装置、控制装置、远程通信装置、高压设备等）处于正常状态。

（3）长期停用和新投入的风电机组在投入运行前应检查绝缘，合格后才允许启动。

（4）温度、湿度、风速符合海上机组的运行条件，在允许投运范围内。

（5）远程通信装置、控制计算机显示处于正常状态。

（6）标志标识齐全。

（7）视频监控系统运行正常，满足设计技术要求。

（8）设备投运前应符合 GB/T 20319《风力发电机组验收规范》要求。

4. 设备投运应具备的技术文件

（1）设备技术规范和运行操作说明书、出厂试验记录以及有关图纸和系统图。

（2）机组安装记录、现场调试记录和验收记录、验收报告及竣工图纸等资料。

（3）各项保护装置定值清单齐全，保护定值均与批准设定的值相符。

5. 设备投运应编制的规程

新设备投运前应编制《海上风电机组运行规程》《海上风电机组检修规程》《海上风电机组安全规程》《海上风电机组作业指导书》《海上风电机组维护指导书》《海上风电机组巡检手册》等。

6. 安全要求

（1）出海作业人员要求：

1）身体健康，经企业认可的医院按照相关标准要求进行体检，没有妨碍从事本岗位工作的疾病和生理缺陷。须经国家认可资质的培训机构培训合格，并取得海上作业"四小证"。

2）应经过岗前培训，经过安全和专业技术培训，具有从事本岗位工作所需的安全和专业技术知识。掌握个人防护设备的正确使用方法、机组设备的工作原理和基本结构、机组设备安全操作和紧急处置的技能；具有高处作业、高空逃生、海上求生、海上平台消防、海上急救及直升机逃生方法等方面能力。特殊作业应取得相应的特殊作业操作证。应每年对海上机组运行维护作业人员进行一次体检，若不符合 1）项规定，应停止其出海。

3）出海人员出海作业前必须经本单位分管领导批准后方可出海。

4）按规范穿好救生衣，风力大于 6 级，能见度小于 2 海里严禁出海作业。

5）确认救生艇、救生筏、救生圈存放地点及最近的逃生路线和紧急集合点位置。

6）严格遵守船上安全规定，掌握各种报警信号，了解船舶安全应急计划。

7）在甲板上行走时要防止滑倒，上下楼梯时要抓住扶手，小心行走。

8）作业时应符合 DL/T 796《风力发电场安全规程》、GB/T 37424—2019《海上风力发电机组运行及维护要求》中相关要求。

（2）船员要求：

1）经过船员基本安全培训，并经海事管理机构考试合格。

2）掌握船舶的适航状况和航线的通航保障情况，以及有关航区气象、海况等必要信息。

3）参加船舶应急训练、演习，按照船舶应急部署的要求，落实各项应急预防措施。

4）应明确海上风电作业船只的船长责任，并确保船长具备相应的能力。

（3）环境要求：

1）风速超过 18m/s 时，禁止任何人员攀爬机组。风速超过 12m/s 时，不得打开机舱盖（含天窗）进行舱外作业和轮毂内作业。

2）雷雨天气不应进行检修、维护、和巡检工作，发生雷雨天气后 1h 内禁止靠近海上机组，如已在海上机组中，应禁止作业并停留在安全位置。

3）应尽量避免雾天出行，对于已出行船只，应选择就近海上机组停靠，并确认定位和通信系统的正常工作，保证和岸上人员的联系。

4）应做好大风、大浪、雷电、寒流等恶劣天气的防范措施。出海前应对能见度和船舶的抗风浪等级等因素进行风险分析。在恶劣天气发生前后的一段时间禁止进行海上机组运行维护作业。

5）基础爬梯、通道有冰雪覆盖时，应确定无高处落物风险并将覆盖的冰雪清除后方可攀爬。叶片有结冰现象且有掉落危险时，应禁止船舶靠近。

6）其他应符合 DL/T 796《风力发电场安全规程》要求。

7. 事故案例分析

事故案例 1

事故经过：2018 年 11 月 29 日，某岛某风电场，郑某某给 750kW 机组全年检修中，当用液压扳手紧固塔筒力矩时，手持液压扳手头的人员手握扳手头位置不对，把手放到扳手头与塔筒壁之间，导致操作扳手头的人员手指被支臂夹住。经医院鉴定为粉碎性骨折，需要将食指第一关节截肢。

事故原因分析：

（1）操作人员不熟悉液压扳手使用即开始工作，属于违法使用设备规定。

（2）人员培训不到位，没有对设备实际操作进行培训。

（3）控制者与操作者配合不协调，因为液压扳手操作时，一人手持操作手柄，另一人手持液压扳手头，当手持液压扳手头的人员确认扳手头已经与螺栓卡好后，操作手柄者才可以触动手柄开关进行紧固螺栓力矩。

事故案例 2

事故经过：2015 年 3 月 3 日，某风电场巡检人员发现 110kV 盐龙乙线门型构架 A 相第二片悬垂爆碎，故向电网调度申请 3 月 9 日升压站全停进行处理。3 月 9 日主变压器厂家人员对 2 号主变压器有载调压油箱进行放油和注油（2014 年 9 月 24 日 2 号主变压器有载调压油箱油位已到零位）。

3 月 10 日检测 2 号主变压器绝缘油质微水超标。3 月 12 日 02 时，风电场“110kV 盐龙乙线间隔开关 1250 气室压力低”报警，检查 1250 开关气室压力为 0.55MPa（动作压力为 0.55MPa），20 时再次检查压力降至 0.522MPa，汇报电网调度，调度令：将盐龙乙线由运行转热备用，风场升压站全停电（2014 年 9 月 7 日 110kV 母联 1012 开关、110kV 盐龙甲线 1255 开关跳闸，之后一直未恢复送电）。

后经对主变压器有载调压油箱放注油、1250 开关抽气后解体处理，于 3 月 21 日恢复并网发电。事故造成全场对外停电累计 196h。

事故原因分析：

（1）110kV 盐龙乙线 1250 开关传动轴处 SF_6 泄漏，处理工作混乱，协调、指挥不当。

（2）主变压器厂家人员对 2 号主变压器有载调压油箱进行放油和注油，未提供油品合格证、未编制施工方案即进行注油，事后检测油质微水超标，造成反复放油、注油、检测。生产管理人员对现场抢修工作中出现的不规范行为未予以制止。

（3）2014 年 9 月 7 日 110kV 盐龙甲线 1255 开关跳闸，未及时组织处理，之后一直未恢复送电，长时间保持单母线运行，导致本次两条线路全停电。

事故案例3

事故经过：2018年10月26日，某风电场刚投入运行，当天风速达到38m/s，一台风机发生倒塌，如图3-3所示，倒塌的风机中段塔筒上法兰与上段塔筒下法兰连接螺栓断裂20多颗，上段塔筒与机舱、叶轮发生倒塌。机舱、叶片严重摔毁，上段塔筒严重变形，直接经济损失8000多万。

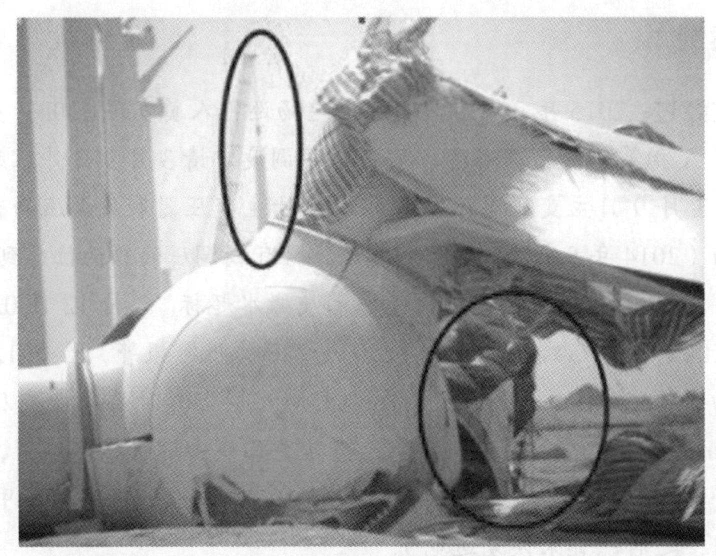

图3-3　风机倒塌现场

事故原因分析：

（1）施工单位进行风机机舱吊装时，未按要求完成上段塔筒螺栓力矩的紧固，在叶轮吊装完毕后，由于天时太晚，施工人员忘记对上段塔筒螺栓进行紧固。

（2）上段塔筒的下法兰面在安装前即有轻微变形，法兰面外翻，吊装完成后也未及时对塔架缺陷进行处理。

（3）在遇到大风天气和塔筒发生晃动对螺栓产生剪切力，塔筒螺栓也随着晃动开始松动，最终导致事故的发生。

（4）业主单位验收工作未落实到位，未能及时发现塔筒缺陷，未在施工单位交工时责令其对螺栓进行紧固。

五、水电站安全例行工作

1. 基本规定

（1）运行和检修人员在发电机（电动机）内部风道巡检时，随身物品应放置在风道外部，并注意脚下行走路线，防止进入发电机（电动机）中性点及引出线禁行区域。在发电机（电动机）下风洞测量大轴摆度时，应有噪声防护设备。

（2）转动着的发电机（电动机），即使未加励磁，亦应认为有电压。禁止在转动着的发电机（电动机）的回路上工作或手触摸定子绕组。

（3）发电机（电动机）检修必须做好下列安全措施：

1）执行《电力安全工作规程（发电厂和变电站电气部分）》第 6.3 条有关内容，同时切断有关保护装置的交直流电源。

2）钢管无水压或做好防转有关措施。

3）切断检修设备的油、水、气来源。

（4）进入发电机（电动机）内部工作注意事项：

1）进入内部工作人员，无关杂物应取出，不得穿有钉子的鞋子入内，检查衣服纽扣是否完好。

2）工作人员进入内部工作时所带入的工具、材料要详细登记，工作结束时要清点，不可遗漏。

3）不得踩踏线棒绝缘盒及连接梁、汇流排等绝缘部件。

4）在发电机（电动机）内部进行电焊、气割等工作时，要准备好灭火器材，做好防火措施。在上部电焊时电焊渣、铁屑不要掉到发电机内部。

5）在发电机（电动机）内凿下的金属，电焊渣、残剩的焊头等杂物必须及时清理干净。

（5）水轮机（水泵）检修前，检修负责人应检查防止转动的措施已具备。检查油、水、气管路系统应有阀门隔断，隔断阀门应上锁并挂上“有人工作，禁止操作”警告牌。电动阀门还应切断电源，并挂“有人工作，禁止操作”警告牌。排水阀应可靠地打开。

（6）机组检修完毕后，应清点人员和工具，检查确无人和工具留在内部后，方可封孔或门。

（7）在机组内有上下层作业时，应按《电力安全工作规程（水电厂动力部分）》第12.2条做好安全措施。

（8）行灯变压器和行灯线要有良好的绝缘、接地装置和剩余电流动作保护器装置，尤其是拉入引水钢管、蜗壳、转轮室、尾水管内等工作场地的行灯电压不得超过12V。特殊情况下需要加强照明时，可由电工安装220V临时性的固定电灯，电灯及电线应绝缘良好，并安装牢固，放在碰不着人的高处。安装后应由检修工作负责人检查。禁止带电移动220V的临时电灯。

（9）在机组转动部分进行电焊工作，接地线应就近接到转动部分上，防止轴承绝缘击穿。

（10）大型设备吊放时，应注意厂房地面的承载能力。

（11）在运行中的水轮机（水泵）的调速系统或油系统上进行有关调整工作时，应在空载状态下进行。该工作应经过相关负责人批准并得到运行值班负责人同意后，由相关负责人指定熟练的人员，在工作负责人的指导和监护下进行。

（12）运行和检修人员在水车室巡检时，应注意脚下行走路线，不得偏移行走通道。

2. 事故案例分析

事故案例1

事故经过：2016年6月2日19时30分，某在建水电站交通工程402号公路隧道开始进行爆破作业，至6月3日凌晨2时左右排险、出渣完成并开始初喷，约2时45分混凝土初喷工作结束后，支护班的单某某、张某某、林某某、朱某、林某5人在塌方部位下方进行系统锚杆的钻孔施工作业，钻孔作业不久，拱顶部位忽然发生塌方，造成5人被埋。施工现场带班人员和洞内其余施工人员，立即采取应急救援措施，并向项目部值班人员报告，将被埋5人救出并送医院抢救，其中单某某、张某某、林某三人经抢救无效死亡。

事故造成3人死亡2人受伤，直接经济损失168万元。

事故原因分析：

（1）隧道围岩在开挖爆破过程中，爆破振动促使隐性结构面的延伸、张开和贯通，使结构面形成很不利的组合，进而形成不稳定块体。隧道开挖后，在初期支护锚杆钻孔施工过程中，钻孔振动进一步扰动不稳定块体。不利组合的隐性贯穿节理面互相切割形成的倒三角体垮塌是引起本次事故的直接原因。

（2）施工单位项目经理无项目经理资质；部分安全管理人员未取得安全管理资质；监理工程师无监理执业资质。现场未组织开展隐患排查，未发现倒三角体垮塌的安全隐患。

（3）建设单位对施工现场监督检查不到位，对施工单位资质审查把关不严，对监理单位监管不力。

事故案例 2

事故经过：2018 年 3 月 25 日 8 时 30 分，某水电站外包检修人员赵某某在现场休息室更换工作服时，工作组成员李某某（工作负责人郭某某请假）向其交代当天要进行 3 号机组发电机出口开关 03DL 清扫工作。之后李某某联系运行值长牛某某，要求将 3 号机组发电机出口开关 03DL 小车摇至“出车”位置。随后 3 人一同来到 10kV Ⅱ段高压配电室，牛某某将 03DL 小车摇至出车位置。据李某某口述，在小车开关拉至“出车”位置后，他向赵某某交代了现场所需清扫部位及注意事项。9 时 07 分李某某去检修现场休息间拿工作所需工器具，赵某某去发电机层机械工具柜处拿清扫所需抹布，赵某某早于李某某返回工作现场。9 时 10 分李某某返回工作现场时，发现赵某某触电倒在 3 号机组出口开关柜前面的绝缘垫上，立即对其进行心脏复苏，随后由 120 急救车送至医院继续抢救，12 时 08 分，赵某某经抢救无效死亡。事故现场小车开关及开关柜如图 3-4 所示。

事故原因分析：

（1）赵某某清扫出口开关时，在缺少工作监护的情况下擅自扩大作业范围，误入 03DL 开关柜，带电的 C 项静触头通过赵某某的右手、右臂、上身、左臂和左手接地，导致触电死亡。

（2）安全措施与安全交底执行不到位。赵某某进入现场作业时，工作许可人、工作负责人未向其交代清楚周围带电设备和安全注意事项，未将带电的开关柜锁闭，未在带电设备周边设置遮拦和悬挂警示牌。

图 3-4　事故现场小车开关及开关柜

（3）工作票管理存在问题。工作票安全措施中要求将发电机出口开关拉出，但在工作票许可时，实际措施只是将小车开关摇至“试验”位置，未严格执行检修设备停电的相关要求，且与工作票面要求措施不一致。

事故案例 3

事故经过：3 月 29 日下午，某水电站外包施工单位安某某和肖某某在大坝左岸效能区钢栈桥（俗称马道）用电焊机、氧焊机将原来施工期的临时木质悬梯改造为永久的钢制悬梯时，另一外包施工单位张某和张某某正在大坝坝体背侧下游面铺贴外立面保温层。由于安某某、肖某某在悬梯上焊接护栏时，未采取防护措施，违规进行电焊作业，造成电焊金属熔融物从木板缝隙中溅落到第二层平台，先后三次引发保温材料碎屑着火，因前两次火势较小，经安某某、肖某某采取措施及时将起火点扑灭，第三次因火势较大，扑救无果，安某某、肖某某逃离现场。火势进一步蔓延，正在上层吊篮中作业的张某和张某某未能及时逃离，造成 2 人死亡。

事故原因分析：

（1）交叉作业未采取防火隔离措施，未及时清理可燃的废旧保温板，埋下了火灾事故隐患。电焊作业过程中，产生的高温金属熔断物掉落在可燃的挤塑型聚苯乙烯保温板上，引燃保温板。在已经发生两次着火后仍未能引起施工人员的重视。在未采取任何防火措施的情况下继续违章野蛮作

业，导致第三次着火，火势失去控制，迅速蔓延至坝面，造成2人死亡。

（2）施工单位、监理单位和业主单位未对现场交叉作业面的安全风险进行辨识分析，两工程的专项安全技术措施中均未涉及有关交叉作业的安全技术措施，作业过程中协调、监督不到位。

事故案例4

事故经过：2016年1月13日，某电厂进行杆塔线路修复工作，电厂汪某为工作票负责人，施工方张某为现场施工负责人。早8时左右，张某组织工作人员到达施工现场（工作负责人汪某9时15分左右到达工作现场），准备拆除原有导线。8时35分左右，张某安排华某（死者，男，63岁）和杂工等人分别到上新三线0～4号杆塔（其中张某和华某到上新三线0号杆塔）。到达现场后发现铁塔下方有10kV带电线路，于是张某当面告诉华某在现场等着，然后1号杆塔落实加固拉线情况，并在途中用对讲机通知其他施工人员现场情况不能施工。随后张某电话告知电厂上新三线0～1号杆塔下方存在10kV带电线路两回，需申请停电后才能施工。张某离开上新三线0号铁塔到1号杆塔10min后约9时，华某不知何故爬上邻近的新渡东西线1号铁塔触电跌落。华某后经抢救无效死亡。相邻的两座杆塔如图3-5所示。

图3-5　相邻的两座杆塔

事故原因分析：

（1）工作开始前工作负责人未对作业人员进行详细安全交底，未逐一告知清楚存在的危险点，华某进入施工现场后，自行开始工作，并误登邻近带电的新渡东西线1号杆塔，造成高空触电坠落受伤，经抢救无效死亡。

（2）现场安全措施不全，新渡东西线1号杆塔与上新三线0号杆塔相距仅5m，极易发生误登铁塔情况。但工作前未在新渡东西线1号杆塔周围悬挂警示标志、设置安全围栏等防止工作人员误登铁塔的措施。

（3）施工过程安全监管不到位，施工队伍到现场时，工作负责人未到现场，工作负责人失去现场监护作用，工作负责人形同虚设。

第四章　外委施工单位的安全管理

为全面执行安全生产、建设、劳动等法律法规要求，解决分包队伍多、杂、散，能力水平整体不足、参差不齐，分包管理不规范等问题，结合实际情况，对建设分包单位提出以下要求：

加强工程核心分包队伍管控，培育核心分包队伍，严格核心分包队伍准入、选择、使用及评价工作，将核心分包人员纳入作业层班组统一管理，不断强化施工企业对分包队伍和分包人员的掌控力，促进施工企业施工能力和现场管控能力的提升，夯实工程安全质量管理基础。

建立择优选择、培育一批优质的核心分包队伍，强化核心分包队伍应用，公司所有输变电工程分包作业核心分包队伍应用率100%。将核心分包人员纳入施工企业统一管理，实现施工企业对分包人员的有效控制，全面提高输变电工程分包管理水平，保障工程建设安全质量的目标。

第一节　安全文明施工要求

应严格遵循《中华人民共和国安全生产法》《建设工程安全生产管理条例》等法律法规。贯彻“以人为本”的理念，通过推行安全文明施工标准化，应做到安全设施标准化、个人安全防护用品标准化、现场布置标准化和环境影响最小化，营造安全文明施工的良好氛围，创造良好的安全施工环境和作业条件。

开工前应通过施工总平面布置及规范临建设施、安全设施、标志、标识牌等式样和标准，达到现场视觉形象统一、规范、整洁、美观的效果。

应严格遵守 JGJ 146《建设工程施工现场环境与卫生标准》等工程建设环保、水保法律法规、标准，倡导绿色环保施工，尽量减少施工对环境的影响。

安全文明施工设施应按照本标准实施标准化配置，应编制《输变电工程建设安全文明施工设施标准化配置表》作为安全文明施工标准化最低配置，为工程现场提供实施、对照检查、核定依据。安全文明施工设施进场时，施工项目部应编制填写《输变电工程建设安全文明施工设施标准化配置表》《输变电工程建设安全文明施工设施进场验收单》等，经验收审批合格后进场。在日常检查中，应将安全文明施工设施标准化配置工作作为必查内容，保证安全文明施工设施配置满足安全文明施工需要。

第二节　施工单位的安全风险管理

1. *基本要求*

坚持安全发展理念，贯彻落实“安全第一、预防为主、综合治理”的安全工作方针，规范输变电工程建设施工安全风险过程管理。

按照初步识别、复测评估、先降后控、分级管控的原则，对输变电工程建设施工安全风险进行管理。

施工单位是输变电工程建设施工安全风险管理的责任主体，建设、监理单位履行安全风险管理监管责任，工程建设应全面执行输变电工程建设施工安全风险管理流程，保证风险始终处于可控、在控状态。

2. *施工安全风险等级*

对输变电工程建设施工安全风险采用半定量 LEC 安全风险评价法，根据评价后风险值的大小及所对应的风险危害程度，将风险从大到小分为五级，一到五级分别对应：极高风险、高度风险、显著风险、一般风险、稍有风险。

采用与系统风险率相关的三方面指标值之乘积来评价系统中人员伤亡

风险大小的方法，这种方法即为LEC法。这三方面指值分别是：L为发生事故的可能性大小；E为人体暴露在这种危险环境中的频繁程度；C为一旦发生事故会造成的损失后果。风险值$D=L\times E\times C$，D值越大，说明该系统危险性大，需要增加安全措施，或改变发生事故的可能性，或减少人体暴露于危险环境中的频繁程度，或减轻事故损失，直至调整到允许范围内。

LEC风险评价法是根据工程施工现场情况和管理特点对危险等级的划分，有一定局限性，应根据实际情况予以判别修正。

施工现场出现风险基本等级表中未收集的风险作业，施工项目部应按照LEC 风险评价法进行评价，并经监理项目部审核确定风险等级，向业主项目部报备。

按照建办质（2018）31号《住房和城乡建设部办公厅关于实施〈危险性较大的分部分项工程安全管理规定〉有关问题的通知》，原则上将“危险性较大的分部分项工程范围”内的作业设定为三级风险，将“超过一定规模的危险性较大的分部分项工程范围”的作业设定为二级风险。

为了便于现场识别风险，对于输变电工程建设常见的风险作业按一般作业环境和条件可按选择，供各工程实施中参考。实际使用时，应进行复测，重新评估风险等级，不可直接使用。

临近带电作业，当采取停电措施，作业风险等级可降低一级管控。

3. 施工安全风险管理

（1）施工安全风险识别、评估。

设计单位在施工图阶段，编制三级及以上重大风险作业清单。在施工图交底前，由总监理工程师协助建设单位组织参建单位进行现场勘察核实；在施工图会审时，参建单位审查设计单位提供的三级及以上重大风险清单。

工程开工前，施工项目部组织现场初勘。

施工项目部根据风险初勘结果、项目设计交底以及审查后的三级及以上重大风险清单，识别出与本工程相关的所有风险作业并进行评估，并确定风险实施计划安排，形成风险识别、评估清册，报监理项目部审核。

（2）施工安全风险复测。施工项目部根据风险作业计划，提前开展施工安全风险复测。

作业风险复测前，检查落实安全施工作业必备条件是否满足要求，不满足要求的整改后方可开展后续工作。

施工项目部根据工程进度，对即将开始的作业风险提前开展复测。重点关注地形、地貌、土质、气候、交通、周边环境、临边、临近带电体或跨越等情况，初步确定现场施工布置形式、可采用的施工方法，将复测结果和采取的安全措施填入施工作业票，作为作业票执行过程中的补充措施。

复测时必须对风险控制关键因素进行判断，以确定复测后的风险等级。

现场实际风险作业过程中，发现必备条件和风险控制关键因素发生明显变化时，驻队监理应立即要求停止作业，并将变化情况报监理项目部判别后，建设单位确定风险升级，按照新的风险级别进行管控。

（3）风险作业计划。作业开展前一周，施工项目部根据风险复测结果将三级及以上风险作业计划报监理、业主项目部及本单位；业主项目部收到风险作业计划后报上级主管单位。

建设单位收到风险信息，与现场实际情况复核后报上级基建管理部门。二级风险作业由建设单位发布预警，风险作业完成后，解除预警。

各参建单位收到三级及以上风险信息后，按照安全风险管理人员到岗到位要求制定计划并落实。

（4）风险作业过程管控。

禁止未开具施工作业票开展风险作业。

风险作业前一天，作业班组负责人开具风险作业对应的施工作业票，并履行审核签发程序，同步将三级及以上风险作业许可情况备案。

当在防火重点部位或场所以及禁止明火区动火作业，应按办理输变电工程动火作业票，与施工作业票配套使用。

风险作业开始实施前，作业班组负责人必须召开站班会，宣读作业票进行交底。

风险作业开始后、每日作业前，作业班组负责人应按照附表D对当日风险进行复核、检查作业必备条件及当日控制措施落实情况、召开站班会对风险作业进行三交三查后方可开展作业。

站班会应全程录音并存档，参与作业的人员进行全员签名。

风险作业过程中，作业人员应严格执行风险控制措施，遵守现场安全作业规章制度和作业规程。

服从管理，正确使用安全工器具和个人安全防护用品，确保安全。在风险控制措施不到位的情况下，作业人员有权指出、上报，并拒绝作业。

风险作业过程中，作业班组安全员及安全监护人员必须专职从事安全管理或监护工作，不得从事其他作业。

风险作业过程中，作业班组负责人在作业时全程进行风险控制。同时应依据现场实际情况，及时向施工项目部提出变更风险级别的建议。

风险作业过程中，如遇突发风险等特殊情况，任何人均应立即停止作业。

风险作业过程中，各级管理人员按要求履行风险管控职责。

三级及以上风险应实施远程视频监控，由各级风险值班管控人员进行监督。

每日作业结束后，作业班组负责人向施工项目部报告安全管理情况。

风险作业完成后，作业班组负责人终结施工作业票并上报施工项目部，同时更新风险作业计划。

4. 施工作业票管理

四、五级风险作业填写输变电工程施工作业A票，由班组安全员、技术员审核后，项目总工签发；三级及以上风险作业填写输变电工程施工作业B票，由项目部安全员、技术员审核，项目经理签发后报监理审核后实施。涉及二级风险作业的B票还需报业主项目部审核后实施。填写施工作业票，应明确施工作业人员分工。

一个班组同一时间只能执行一张施工作业票，一张施工作业票可包涵最多一项三级及以上风险作业和多项四级、五级风险作业，按其中最高的风险等级确定作业票种类。作业票终结以最高等级的风险作业为准，未完成的其他风险作业延续到后续作业票。

同一张施工作业票中存在多个作业面时，应明确各作业面的安全监护人。

同一张作业票对应多个风险时，应经综合选用相应的预控措施。

对于施工单位委托的专业分包作业，可由专业分包商自行开具作业票。专业分包商需将施工作业票签发人、班组负责人、安全监护人报施工项目部备案，经施工项目部培训考核合格后方可开票。

对于建设单位直接委托的变电站消防工程作业、钢结构彩板安装施工作业、装配式围墙施工、图像监控等，涉及专业承包商独立完成的作业内容，由专业承包商将施工作业票签发人、班组负责人、安全监护人报监理项目部备案，监理项目部负责督促专业承包商开具作业票。

不同施工单位之间存在交叉作业时，应知晓彼此的作业内容及风险，并在相关作业票中的“补充控制措施”栏，明确应采取的措施。

施工作业票使用周期不得超过30天。

第三节　分包队伍的管理及要求

1. 核心分包队伍的准入管理

各施工企业（含施工类产业单位）应对未来三年承担的施工任务进行预测，在保持核心分包队伍总数相对稳定的前提下做到适度培育，定期考核、优胜劣汰。根据实际业务需要，培育核心分包队伍，依据核心分包队伍准入基本条件，择优确定核心分包队伍及核心分包人员名单。

（1）核心分包队伍的准入标准。工程核心分包队伍是具备相应资质的专业公司，在施工单位作业层班组骨干的组织、管控、监护下开展输变电工程作业。

工程核心分包队伍应满足以下基本条件：

1）资质必须符合国家建筑业企业资质管理规定的相关要求；

2）承揽组塔、架线及电气安装作业的核心分包队伍必须同时取得国家能源监管部门颁发的承装电力设施许可证；

3）具有有效的安全生产许可证；

4）未处于被政府或监管机构认定不具备相关资格状态；

5）施工管理人员和主要作业人员具有类似工程业绩，具备与分包形式相适应的施工安全质量管理能力；

6）有相对稳定的施工作业队伍；

7）近三年内所承包的工程未发生六级及以上安全、质量事故不满足不良分包商标准，或不属于发布地不良分包商范畴；

8）具有良好的财务状况、商誉和履约能力；

9）未处于被责令停业、资产被接管、破产状态，未涉及重大诉讼，不属于失信被执行人。

（2）核心分包队伍出现以下情况，取消准入资格：

1）核心分包队伍资质和人员信息与实际存在重大偏差，存在资质借用、挂靠或有欺骗等不诚信行为；

2）核心分包人员配置与合同不符，无法满足作业需求；

3）违反法律法规或公司管理规定，被政府部门或公司其他管理部门列入黑名单或禁止使用的；

4）因其原因造成六级及以上安全、质量事件。

班组核心劳务作业人员必须按要求签订劳动合同，购买相关保险，且体检合格，关键岗位（高处作业、电工、焊工、压接、绞磨操作、测量等）严禁使用非公司发布人员。

2. 核心分包队伍及人员的准入流程

每年上、下半年，施工企业分包管理部门组织各专业部门、分公司负责人、项目部经理代表等，对核心分包队伍申报材料进行审查、评价，依据评价结果，将满足核心分包队伍准入标准的分包队伍和核心分包人员信息、申报表、配置清单、资质文件、业绩证明等进行上报。

外部施工企业如承建公司工程项目，应在合同签订后 7 日内，将本单位满足核心分包队伍准入标准的分包队伍和核心。

分包人员信息、申报表、配置清单、资质文件、业绩证明等准入资料报建设管理单位，建设管理单位组织核查后报公司建设部，公司建设部组织相关部门复审，并在公司核心分包队伍统一信息管控平台进行补充。

3. 核心分包队伍的准入要求

施工企业要建立核心分包队伍后备管理机制，统筹本单位资源，开展一般劳务人员专项培训，提升作业人员技能水平，培养更多的核心分包人员。

施工企业应鼓励与具有一定规模、人员相对固定的核心分包队伍建立互惠共赢、长期稳定的战略合作关系。

施工企业采用比选、竞争性谈判、询价等方式，选用优质核心分包队伍，施工项目部经理参与核心分包队伍的推荐和选择，对于不能提供有效的核心分包人员配置的，一律不得选用。

施工期间，核心分包队伍发生六级及以上安全质量事件、多次发生严重违章问题或存在不服从管理等情况，施工企业可依据合同条款，与其终止合同关系，清退分包队伍和人员，并将相应分包队伍及人员信息报公司建设部，取消其核心分包队伍资格。

4. 核心分包队伍的安全管理

（1）专业分包安全管理。

施工企业督促专业核心分包队伍按照合同约定配备合格的机械、设备，督促其为分包人员配备合格工器具及安全防护用品，按规定对起重、电气、安全三类工器具进行登记、编号、检测、试验和标识管理，建立管理台账，做到物账对应，始终处于受控状态。

专业分包队伍自带机械设备、工器具等在入场前必须检验合格，并向施工项目部提交检验合格证明和自检材料，施工项目部检查合格后报监理项目部审核验证。

专业分包队伍对所承担的施工项目必须按照要求编制施工方案。对于危险性较大的专业分包施工作业，施工企业应进行安全技术交底。

施工企业严格审查专业分包队伍的施工方案，并报监理项目部审批，监督其严格实施。超过一定规模的危险性较大的分部分项工程，施工企业应按规定对专项施工方案组织专家论证。

分包工程开工前，施工企业应组织或者督促专业分包队伍开展项目部级交底、作业票交底。交底均应形成可追溯记录。

施工企业应严格落实施工安全风险管理要求，督促专业分包队伍开展项目风险识别、评估和预控工作，实施风险分级管控，落实人员到岗到位要求。施工企业应督促专业分包队伍按照规定办理施工作业票，组织交底并监督实施。

施工企业应严格落实安全文明施工标准化管理要求，督促专业分包队伍严格按照安全文明施工“六化”要求组织施工，并全过程动态管理。

专业分包队伍应成立专业工程的应急组织机构，纳入工程项目应急组织，开展应急教育培训，配备应急救援物资。施工企业结合专业分包工作实际，完善应急机制并定期组织开展应急演练。

专业分包工程的关键工序、隐蔽工程、危险性大、专业性强等施工作业必须由施工企业派员全过程监督。

专业分包队伍再劳务分包的，应同时符合劳务分包有关管理要求。

（2）劳务分包安全管理。

劳务分包作业所需的材料、施工机具由施工企业配备，并由施工企业安排合格人员操作。

劳务分包人员的个人安全防护用品、用具由施工企业提供。

施工企业负责劳务分包作业施工方案的编制，负责施工作业票的签发。

分包作业前，作业层班组应对全体劳务分包作业人员进行安全技术交底。

施工企业以自有骨干人员为核心组建作业层班组，采取“作业层班组骨干+核心劳务分包人员+一般劳务分包人员”的模式，统一岗位序列和任职资格要求，统一明确岗位工作标准，强化到岗到位和劳动纪律管理，将核心劳务分包人员纳入施工企业的作业层班组统一管理。

核心分包人员与作业层班组骨干应保持相对固定的组织管理关系，作业层班组骨干对核心分包人员应充分了解，长期合作。

施工企业根据岗位任职资格要求和现场施工技能及安全质量管控需要，有针对性地组织开展分包人员施工技能培训。

劳务分包人员入场前，应经施工项目部考试合格。

劳务分包作业必须在作业层班组骨干的组织、指挥、监管下进行。

分包工程开工前，监理、业主项目部应加强作业层班组骨干和核心劳务分包人员的入场审核，重点审核是否已与发布信息及分包合同承诺一致、是否同时在其他工程项目兼职，对于不满足要求的不允许进场。

工程施工中，施工、监理、业主项目部应对核心劳务分包人员到场情况、安全措施执行情况、劳务作业质量、遵章守纪情况等进行监督管理。核心劳务分包人员请假和更换，应征得施工承包商同意。

（3）核心分包人员管理。

核心分包人员信息管理。核心分包人员必须在公司统一的实名制作业人员信息库中，所有作业人员必须按要求签订劳动合同，购买社会保险及人身意外伤害保险，且体检合格，关键岗位（高处作业、电工、焊工、压接、绞磨操作、测量等）严禁使用非库内人员。

核心分包人员培训与持证管理。施工单位要制订明确的核心分包人员技能培训与鉴定标准；要严格审查核心分包队伍特种作业人员持证上岗情况，组织人员技能培训及发证工作。

5. 核心分包队伍的作业管理

（1）核心分包队伍进出场管理。

开工前，施工项目部建立分包人员管理台账，将分包人员信息纳入现场管控，组织分包人员进行入场安全教育培训，考试合格后方可上岗；监理、业主项目部要对比基建管理系统、分包合同、统一信息管控平台中的人员信息，对核心分包队伍和人员进行核实，并监督施工项目部落实分包人员培训、考试要求。

根据工程实际需求，如需补充或更换核心分包人员，施工项目部应报监理、业主项目部同意，新进场人员需经培训考试，合格后方可进场作业。

根据工程实际情况，如需更换核心分包队伍，施工项目部应报监理、业主项目部同意，更换的新队伍必须为公司在统一信息管控平台发布的核心劳务队伍，并要重新履行入场审批手续。

工程结束或分包作业完成后，施工项目部提出分包队伍撤场申请，经监理、业主项目部同意，分包人员方可退场，施工项目部及时更新分包人员进场、退场信息，确保信息准确。

（2）核心分包队伍的现场管理要求。

施工项目部组织对分包人员进行安全技术交底，为分包队伍配置施工机具、安全工器具、个人防护用品等。

作业层班组骨干人员负责记录核心分包人员的考勤、违章行为、突出贡献等信息，每月对核心分包人员进行评价，评价结果提交施工项目部，施工项目部依据评价结果监督核心分包人员的薪酬发放。

建设管理单位、监理单位每季度至少开展一次分包专项检查，监督施工企业落实分包管理要求，对违反规定的，建设管理单位要约谈施工单位负责人，并依据合同约定对施工企业进行考核。

施工企业每季度至少开展一次分包专项检查，督促施工项目部、作业层班组落实分包管理要求，对管理不到位、分包问题严重的施工项目部、作业层班组进行考核。

业主项目部常态开展分包管理检查，监督监理、施工项目部落实分包管理职责，监督检查核心分包队伍应用、管理情况，参与分包队伍评价，并监督现场问题闭环整改。

监理项目部常态开展分包管理检查，监督施工项目部、落实分包管理职责，参与分包队伍评价，监督现场问题闭环整改。

施工项目部组织作业层班组对核心分包队伍进行日常管理，开展核心分包队伍和人员评价，及时纠正违章、违规行为，对违反规定的分包人员进行考核。

每年上、下半年，施工企业汇总各项目参建的核心分包队伍评价成绩，对核心分包队伍进行评价，评价结果分为“优良”“一般”“较差”。

施工企业优先选用评价结果为优良的，或参与建设工程项目获得公司及以上级奖项的核心分包队伍。

施工企业依据核心分包队伍考核评价结果，结合安全质量责任量化考核结果，对核心分包队伍及人员进行奖惩，并作为核心分包队伍结算的重要依据。

建设管理单位、监理单位和业主、监理项目部要加强对现场分包管理的监督检查，发现冒名顶替核心分包人员，现场存在严重安全质量问题的，应要求施工单位立即整治，并责令其对核心分包队伍予以考核或更换核心分包人员，情节严重的，应终止分包合同，清退分包队伍和人员。

附录A　三级安全教育培训登记台账

三级安全教育培训登记台账

序号	单位名称	姓名	入司时间	培训时间			离场和转岗时间	通信地址	联系方式
				一级	二级	三级			

附录 B　三级安全教育培训记录卡

三级安全教育培训记录卡

单位（部门）：____________________

<table>
<tr><td>姓名</td><td></td><td>性别</td><td></td><td>工种</td><td></td></tr>
<tr><td>身份证号码</td><td></td><td>联系方式</td><td></td><td>文化程度</td><td></td></tr>
<tr><td>安全培训层级</td><td colspan="2"></td><td>本层级负责人</td><td colspan="2"></td></tr>
<tr><td>授课人</td><td colspan="5"></td></tr>
<tr><td>授课地点</td><td colspan="5"></td></tr>
<tr><td>授课时间</td><td colspan="5"></td></tr>
<tr><td>课时</td><td colspan="5"></td></tr>
<tr><td colspan="6">培训内容简述：</td></tr>
</table>

受教育人员签名：	考试成绩：	考试结果：	考试阅卷人：

注　考试试卷及阅卷情况应作为记录卡的附件。

附录C 日常安全教育培训登记表

日常安全教育培训登记表

组织单位（部门）		培训主题		时间		地点	
授课人		职称		培训对象		培训人数	

培训内容简述：

培训人员签到记录

姓名	单位/部门	姓名	单位/部门	姓名	单位/部门

培训效果评价：

是否达到培训效果		鉴定人		日期	

附录 D 特种作业人员登记台账

特种作业人员登记台账

序号	姓名	性别	通信地址	身份证号	联系电话	工种类别	证件编号	领证日期	验证日期	发证机关	入司时间	备注

附录E 三级安全教育考试试卷

试 卷 A

一、单选题（每题1分，共30分）

1. 风力发电机组投运后，一般在（　　）后首次进行维护。

A. 一周　　B.一个月　　C. 三个月　　D. 六个月

2. 电流互感器二次侧应（　　）。

A. 没有接地点　　B. 有一个接地点

C. 有两个接地点　　D. 按现场情况不同，不确定

3. 常温下六氟化硫气体是（　　）。

A. 无色无味　　B. 有色有毒　　C. 无色有毒　　D. 有色有味

4. 电流互感器二次侧接地是为了（　　）。

A. 测量用　　B. 工作接地　　C. 保护接地　　D. 节省导线

5. 请找出下面工作许可人应负的安全责任的描述错误（　　）。

A. 负责审查工作的必要性　　B. 检修设备与运行设备确已隔断

C. 审查工作票所列安全措施应正确完备和符合现场实际安全条件

6. 工作负责人变动时，应经（　　）同意并通知工作许可人，在工作票上办理变更手续。

A. 工作票签发人　B. 安监人员　　C. 值长

7. 工作票延期手续只能办理（　　）次。

A. 一　　B. 二　　C. 三

8. 已执行的操作票（包括作废的）必须按编号顺序按（　　）装订。

A. 月　　B. 季　　C. 年

9. 倒闸操作必须有两人执行，其中一人对设备比较熟悉者作监护。对于两个电气系统和发电机的并列操作，应由（　　）担任操作人。

A. 值长　　B. 电气值班长　　C. 主值班员

10. 停电拉闸操作必须按照（　　）的顺序依次操作，送电合闸操作

应按与上述相反的顺序进行。严防带负荷拉合刀闸。

A. 断路器（开关）——负荷侧隔离开关（刀闸）——母线侧隔离开关（刀闸）

B. 断路器（开关）——母线侧隔离开关（刀闸）——负荷侧隔离开关（刀闸）

C. 负荷侧隔离开关（刀闸）——断路器（开关）——母线侧隔离开关（刀闸）

11. 任何施工人员，发现他人违章作业时，应该（　　）。

A. 报告违章人员的主管领导予以制止

B. 当即予以制止

C. 报告专职安全人员予以制止

12. 电流通过人体最危险的途径是（　　）。

A. 左手到右手　B. 左手到右脚　C. 右手到左脚

13. 胸外按压法进行触电急救时，按压速度为（　　）次/min。

A. 80～100　B. 100～120　C. 120～140

14. 重大危险源管理必须（　　），完善规章制度，规范日常管理，对本单位的重大危险源做到可控在控。

A. 监督到位　B. 管理到位　C. 责任到人

15. 《安全生产法》规定的安全生产管理方针是（　　）。

A. 安全第一、预防为主

B. 安全为了生产，生产必须安全

C. 安全生产人人有责

16. 制定《中华人民共和国安全生产法》，就是要从（　　）保证生产经营单位健康有序地开展生产经营活动，避免和减少生产安全事故。

A. 思想上　B. 组织上　C. 制度上

17. 《中华人民共和国安全生产法》规定，生产经营单位采用新工艺、新技术、新材料或者使用新设备时，应对从业人员进行（　　）的安全生产教育和培训。

A. 班组级　B. 车间级　C. 专门

18. 使用汽车起重机，起吊超过（　　）kg 重量的物件时，应用四个架脚支持在地面上。

A. 500　　　　B. 1000　　　　C. 1200

19. 生产厂房内外的电缆，在进入控制室、电缆夹层、控制柜、开关柜等处的电缆孔洞，必须用（　　）严密封闭。

A. 防火材料　　B. 绝热材料　　C. 水泥

20. 对严重创伤伤员急救时，应首先进行（　　）。

A. 维持伤员气道通畅　　　　B. 止血包扎

C. 固定骨折

21. 变压器防爆管薄膜的爆破压力是（　　）MPa。

A. 0.073 5　　B. 0.049　　C. 0.196　　D. 0.186

22. 在小电流接地系统中发生单相接地时（　　）。

A. 过电流保护动作　　　　B. 速断保护动作

C. 接地保护动作　　　　D. 低频保护动作

23. 电源频率增加一倍。变压器绕组的感应电动势（　　）。

A. 增加一倍　　B. 不变　　C. 是原来的　　D. 略有增加

24. 一般自动重合闸的动作时间取（　　）s。

A. 2～0.3　　B. 3～0.5　　C. 9～1.2　　D. 1～2.0

25. 标志断路器开合短路故障能力的数据是（　　）。

A. 额定短路开合电流的峰值　　　　B. 最大单相短路电流

C. 断路电压　　　　D. 断路线电压

26. 端子箱内：温湿度传感器应安装于箱内（　　），发热元器件悬空安装于箱内底部，与箱内导线及元器件保持足够的距离。

A. 底部　　B. 中部　　C. 上部　　D. 中上部

27. 报警系统的"感觉器官"是（　　）。

A. 探测器　　　　B. 手动火灾报警按钮

C. 火灾事故照明　　　　D. 火灾广播电话

28. 二氧化碳灭火器原理是减少空气中的含氧比例，使含氧量降低到（　　）以下或二氧化碳含量达30%～35%。

A. 10%　　B. 12%　　C. 16%　　D. 18%

29. 红色表示（　　）。

A. 禁止　　B. 建议　　C. 警告

30. 船只必须由专人驾驶，驾驶员资格符合规定，持证上岗，严格按照海事部门的要求，做到（　　）齐全有效。

A. 三证　　B. 两证一牌　　C. 三证一牌一线

二、多选题（每题1分，共20分）

1. 运行工作中所说的“两票三制”具体指（　　）。

A. 工作票　　B. 操作票

C. 交接班制度　　D. 巡视检查制度

E. 设备定期试验切换制度

2. 继电保护应满足以下要求（　　）。

A. 选择性　　B. 快速性　　C. 灵敏性　　D. 可靠性

E. 速动性

3. 室内（　　），应设有明显标志的永久性隔离挡板（护网）。

A. 母线分段部分　　B. 母线交叉部分

C. 部分停电检修易误碰有电设备　　D. 母线引下部位

4. 室内母线分段部分、母线交叉部分及部分停电检修易误碰有电设备的，应设有（　　）。

A. 明显标志的永久性隔离挡板　　B. 明显标志的永久性隔离护网

C. 临时隔离挡板　　D. 临时护网

5. 雷雨天气，需要巡视室外高压设备时，应穿绝缘靴，并不准靠近（　　）。

A. 互感器　　B. 避雷针　　C. 避雷器　　D. 设备构架

6. （　　）、泥石流等灾害发生后，如需要对设备进行巡视时，应制定必要的安全措施，得到设备运维管理单位批准，并至少两人一组，巡视人员应与派出部门之间保持通信联络。

A. 地震　　B. 台风　　C. 洪水　　D. 雷电

7. 倒闸操作可以通过（　　）完成。

A. 就地操作　　B. 模拟操作　　C. 遥控操作　　D. 程序操作

8. 倒闸操作的类别有（　　）。

A. 监护操作　　B. 单人操作

C. 检修人员操作　　　　　　　　　D. 遥控操作

9. 操作票应用（　）钢（水）笔或圆珠笔逐项填写。

A. 黑色　　　　B. 蓝色　　　　C. 红色　　　　D. 绿色

10. 下列项目应填入操作票内的是（　）。

A. 应拉合的设备［断路器（开关）、隔离开关（刀闸）、接地刀闸（装置）等］，验电，装拆接地线，合上（安装）或断开（拆除）控制回路或电压互感器回路的空气开关、熔断器，切换保护回路和自动化装置及检验是否确无电压等

B. 拉合设备［断路器（开关）、隔离开关（刀闸）、接地刀闸（装置）等］后检查设备的位置

C. 进行停、送电操作时，在拉合隔离开关（刀闸）或拉出、推入手车式开关前，检查断路器（开关）确在分闸位置

D. 设备检修后合闸送电前，检查送电范围内接地刀闸（装置）已拉开，接地线已拆除

11. 避雷器主要参数有（　）等参数，应满足运行要求。

A. 额定电压　　　　　　　　　B. 持续运行电压

C. 标称放电电流　　　　　　　D. 残压

12. 避雷器 0.75 倍直流参考电压下泄漏电流要求（　）。

A. 不应大于 50μA（750kV 及以下系统避雷器）

B. 不应大于 200μA（1000kV 系统避雷器）

C. 不应大于 25μA（750kV 及以下系统避雷器）

D. 部分避雷器泄漏电流值可按制造厂和用户协商值执行

13. 下列哪些情况下需要特殊巡视（　）。

A. 新投入电力电缆巡视　　　　B. 经过大修后的电力电缆巡视

C. 雷雨冰雹天气后　　　　　　D. 高温大负荷期间

14. 下列是可控串补装置阻抗调解操作方式的是（　）。

A. 手动　　　　B. 自动　　　　C. 远控　　　　D. 就地

15. 高频阻波器的检修应满足的条件有（　）。

A. 所在线路必须停电

B. 所在断路器必须停电

C. 合上线路接地开关，在高频阻波器线路侧挂接地线

D. 合上断路器接地开关，在高频阻波器线路侧挂接地线

16. 干式电抗器外表有放电声，检查是否为（ ），可用紫外成像仪协助判断，必要时联系检修人员处理。

A. 相间短路　　B. 匝间短路

C. 污秽严重　　D. 接头接触不良

17. 母线短路失压时的处理原则包括（ ）。

A. 如故障点在母线侧隔离开关内侧，可将该回路两侧隔离开关拉开

B. 若故障点不能立即隔离或排除，对于双母线接线，按值班调控人员指令对无故障的元件倒至运行母线运行

C. 若找不到明显故障点，则不准将跳闸元件接入运行母线送电，以防止故障扩大至运行母线

D. 对双母线或单母线分段接线，宜采用有充电保护的断路器对母线充电

18. 高温大负荷时的电力电缆应巡视（ ）。

A. 定期检查负荷电流不超过额定电流

B. 检查电缆终端温度变化，终端及线夹、引线无过热现象

C. 电缆终端应无异常声响

D. 终端无闪络和放电

19. 母线例行巡视项目应包括（ ）。

A. 软母线无断股、散股及腐蚀现象，表面光滑整洁

B. 硬母线应平直、焊接面无开裂、脱焊，伸缩节应正常

C. 绝缘屏蔽母线屏蔽接地应接触良好

D. 绝缘母线表面绝缘包敷严密，无开裂、起层和变色现象

20. 小电流接地系统母线单相接地的现象（ ）

A. 同时母线一相电压降低或者为零

B. 其他两相升高

C. 或者等于线电压

D. 三相电压同时为零

三、判断题（每题 1 分，共 20 分）

1. 新参加电气工作的人员、实习人员和临时参加劳动的人员（管理人

员、非全日制用工等），应经过安全知识教育后，方可到现场单独工作。（ ）

2. 高压设备上工作，在手车开关拉出后，应观察隔离挡板是否可靠封闭。（ ）

3. 经本单位批准允许单独巡视高压设备的人员巡视高压设备时，如果确因工作需要，可临时移开或越过遮栏，事后应立即恢复。（ ）

4. 巡视室内设备，应随手关门。（ ）

5. 高压电气设备都应安装完善的防误操作闭锁装置。（ ）

6. 倒闸操作的基本条件之一：有值班调控人员、运维负责人正式发布的指令，并使用经事先审核合格的操作票。（ ）

7. 设备检修时，回路中的各来电侧刀闸操作手柄和电动操作刀闸机构箱的箱门应加挂机械锁。（ ）

8. 电气试验，非金属外壳的仪器，应与设备绝缘，金属外壳的仪器和变压器外壳应接地。（ ）

9. 使用钳形电流表在高压回路上测量时，应用导线从钳形电流表另接表计测量。（ ）

10. 使用钳形电流表测量时，若需拆除遮栏，应在拆除遮栏后立即进行。工作结束，应立即将遮栏恢复原状。（ ）

11. 工作负责人可以不经起重司机的同意登上起重机或桥式起重机的轨道。（ ）

12. 禁止管理人员在起重工作区域内行走或停留。（ ）

13. 起吊重物不准让其长期悬在空中。有重物悬在空中时，禁止驾驶人员离开驾驶室或做其他工作。（ ）

14. 只有做好相关安全措施后，才允许用起重机起吊埋在地下的物件。（ ）

15. 人在梯子上时，禁止移动梯子。（ ）

16. 灭火时应将无关人员紧急撤离现场，防止发生人员伤亡。（ ）

17. 对变电站周边新增污染源应及时汇报本单位运检部。（ ）

18. 防汛物资应由专人保管、定点存放，并建立台账。（ ）

19. 应根据本地区的气候特点和现场实际，制定相应的变电站设备防

寒预案和措施。 ( )

20. 运维人员应在巡视中重点检查设备的油温、油位、压力及软母线弛度的变化和管形母线的弯曲变化情况。 ( )

四、论述题（每题10分，共30分）

1. 在双母线接线方式下，操作母线侧隔离开关后为什么要检查电压切换？

2. 工作班成员的安全责任有哪些？

3. 变压器常见故障有哪些？

试 卷 B

一、单选题（每题1分，共27分）

1. 水面达（ ）风以上、水面视线不清天气、雨、雪等恶劣天气、超员超载、船只的安全设施存在故障或配备不足不得出船。

A. 四级 B. 五级 C. 六级 D. 七级

2. 使用绝缘电阻表测量高压设备绝缘，至少应由（ ）人担任。

A. 1 B. 2 C. 3

3. 高压试验工作应（ ）。

A. 填写第一种工作票 B. 填写第二种工作票

C. 可以电话联系

4. SF_6设备运行稳定后方可（ ）检查一次SF_6气体含水量。

A. 三个月 B. 半年 C. 一年

5. 短路变流器二次绕组，必须（ ）。

A. 使用短路片或使用短路线 B. 使用短路片搭接

C. 使用导线缠绕

6. 一个工作负责人只能同时发给（ ）工作票。

A. 一张 B. 两张 C. 实际工作需要

7. 安全带使用时应（ ），注意防止摆动碰撞。

A. 低挂高用 B. 高挂低用 C. 与人腰部水平

8. 生产厂房内外的电缆，在进入控制室、电缆夹层、控制柜、开关柜等处的电缆孔洞，必须用（ ）严密封闭。

A. 防火材料　　B. 绝热材料　　C. 水泥

9. 对严重创伤伤员急救时，应首先进行（　　）。

A. 维持伤员气道通畅　　B. 止血包扎　　C. 固定骨折

10. 进行心肺复苏时，病人体位宜取（　　）。

A. 头低足高仰卧位　　B. 头高足低仰卧位

C. 水平仰卧位

11. 测量 220V 直流系统正负极对地电压，U_+=140V，U_-=80V，说明（　　）。

A. 负极全接地　　B. 正极全接地

C. 负极绝缘下降　　D. 正极绝缘下降

12. 各发电企业（　　）设立独立的安全监督机构。

A. 不必　　B. 可以　　C. 必须

13. 发电企业的主要生产车间设（　　）安全员。

A. 兼职　　B. 专职　　C. 监督

14. 基建项目安全委员会在建设项目开工以后，至少（　　）召开一次会议。

A. 每季度　　B. 每 4 个月　　C. 每半年

15. 10kV 及以下电气设备不停电的安全距离是（　　）m。

A. 0.35　　B. 0.7　　C. 1.5

16. 母线的冲击合闸次数为（　　）次。

A. 一　　B. 三　　C. 五

17. 国家规定的危险性较大的设备，应当经（　　）检验合格，取得安全使用证后，方可投入使用。

A. 检验机构　　B. 检测机构

C. 检验检测机构　　D. 法定检测检验机构

18. 在风力超过（　　）级时禁止露天进行焊接或气割。

A. 5　　B. 6　　C. 7

19. 使用汽车起重机，起吊超过（　　）kg 重量的物件时，应用四个架脚支持在地面上。

A. 500　　B. 1000　　C. 1200

20. 电气工作人员因故间断电气工作连续（　　）以上者，必须重新温习《电力安全工作规程》，并经考试合格后，方能恢复工作。

A. 两个月　　B. 三个月　　C. 半年

21. 设备故障跳闸后未经检查即送电是指（　　）。

A. 强送　　B. 强送成功　　C. 试送

22. 一个班组在同一个设备系统上依次进行（　　）的设备检修工作，如全部安全措施不能在工作开始前一次完成，应分别办理工作票。

A. 同类型　　B. 非同类型　　C. 同一厂家

23. 请找出下面工作票签发人安全责任的描述错误（　　）。

A. 工作是否必要和可能

B. 是否按规定进行危险点分析工作

C. 召集、主持工作班人员进行危险点分析并制定控制措施

24. 请找出下面工作负责人安全责任的描述错误（　　）。

A. 正确地和安全地组织工作　　B. 对工作人员给予必要的指导

C. 负责审查工作的必要性

25. 水深小于（　　）m 的光伏场区，可采用水中固定垂直接地体到水底土壤层的方式，深度满足设计要求。

A.8　　B. 10　　C. 12　　D. 14

26. 新设备投运后进行特巡，（　　）h 以后转入例行巡视。

A.24　　B. 36　　C. 72

27. 已运行的气体继电器应每（　　）年开盖一次，进行内部结构和动作可靠性检查。

A. 1～2　　B. 2～3　　C. 3～5

二、多选题（每题 1 分，共 20 分）

1. 操作设备应具有明显的标志，包括（　　）、切换位置的指示及设备相色等。

A. 命名　　B. 编号　　C. 分合指示　　D. 旋转方向

2. 下列（　　）情况下应加挂机械锁。

A. 未装防误操作闭锁装置或闭锁装置失灵的刀闸手柄、阀厅大门和网门

B. 当电气设备处于冷备用时，网门闭锁失去作用时的有电间隔网门

C. 设备检修时，回路中的各来电侧刀闸操作手柄和电动操作刀闸机构箱的箱门

D. 检修电源箱门

3. 倒闸操作前应先核对（　　），操作中应认真执行监护复诵制度（单人操作时也应高声唱票），宜全过程录音。

A. 系统方式　　B. 设备名称　　C. 编号　　D. 位置

4. 电气设备操作后的位置检查应以设备各相实际位置为准，无法看到实际位置时，应通过间接方法，如设备（　　）等信号的变化来判断。

A. 机械位置指示　　B. 电气指示

C. 带电显示装置、仪表　　D. 各种遥测、遥信

5. 装卸高压熔断器，应（　　），必要时使用绝缘夹钳，并站在绝缘垫或绝缘台上

A. 系安全带　　B. 戴护目眼镜　　C. 戴线手套　　D. 戴绝缘手套

6. 基建工程关键点见证是按照技术监督要求，在设备制造环节组织开展的质量监督工作，监督、检查设备的生产制造过程是否符合（　　）的要求。

A. 设备订货合同　　B. 有关规范

C. 有关质量　　D. 有关标准

7. 变电运检专业可分成（　　）、站用电及直流系统检查组、生产准备组开展验收工作；其中（　　）、生产准备组的组长由运检单位（部门）人员担任。

A. 土建检查组　　B. 电气一次检查组

C. 电气二次检查组　　D. 资料检查组

8. 建设管理单位（部门）在变电站基建工程投运前向运检单位移交（　　）。在投运后 3 个月内移交工程资料清单（包括完整的竣工纸质图纸和电子版图纸）。

A. 设备附件　　B. 安全工具

C. 专用工器具　　D. 备品备件

9. 变电站技改工程现场验收过程中，项目施工单位应派专人全程配合

验收工作，为验收人员开展工作（　　）验收人员提出的问题。

A. 创造条件　B. 提供便利　C. 及时解答　D. 认真解答

10. 基建工程启动验收应设置工程验收组，组长由（　　）共同担任。

A. 建设管理单位　　B. 运维检修单位

C. 项目施工单位　　D. 项目监理单位

11. 竣工（预）验收的条件包括（　　）。

A. 施工单位完成三级自检并出具自检报告

B. 监理单位完成验收并出具监理报告，明确设备概况、设计变更和安装质量评价

C. 现场安装调试工作结束

D. 施工图纸、交接试验报告、单体调试报告及安装记录等完整齐全，满足投产运行的需要

12. 关键点见证条件及要求正确的是（　　）。

A. 关键点见证由物资部门组织，运检部选派相关专业技术人员参加。

B. 关键点见证过程应当形成记录，交物资部门督促整改，运检单位保存记录并跟踪整改情况，重大问题报本单位运检部协调解决

C. 运检部门根据需要，可采用重大问题反馈联系单方式协调解决。

D. 了解设备的技术要求，包括设计联络会、技术交底、设计变更等内容；

13. 项目管理单位接到项目变电站技改工程竣工验收申请后，应向项目（　　）等相关单位发送验收通知，同时组织相关部门提前审查相关验收资料，做好验收准备。

A. 施工　B. 监理　C. 运维　D. 设计

14. 变电站基建工程启动期间，应按照启动试运行方案进行系统调试，对（　　）与电力系统及其自动化设备的配合协调性能进行的全面试验和调整，工程验收组进行确认。

A. 设备　B. 分系统　C. 主站控制系统　D. 子系统

15. 竣工验收申请时应具备（　　）。

A. 设备技术资料　　B. 安装调试记录

C. 交接试验报告　　D. 设备外观检查报告

16. 变电站技改工程竣工验收前施工单位自验收及监理初验内容包括：项目设计单位编制设计总结报告，重点说明有关反事故措施的（　　）。

A. 落实情况　　B. 设计变更情况

C. 具体原因　　D. 原因说明

17. 基建工程验收中关键点见证前期应做好以下工作：了解设备的技术要求，包括（　　）等内容。

A. 设计联络会　B. 技术要求　C. 技术交底　D. 图纸审核

18. 干式电抗器隐蔽性工程验收项目包括（　　）等。

A. 基础检查　　B. 预埋件检查

C. 外观检查　　D. 工程量核对

19. 消弧线圈引线与绝缘支架固定应（　　）。

A. 内垫绝缘纸板　　B. 外垫绝缘纸板

C. 引线绝缘无卡伤　　D. 无需固定

20. 变压器着火处理原则有（　　）。

A. 现场检查变压器有无着火、爆炸、喷油、漏油等

B. 检查变压器各侧断路器是否断开，保护是否正确动作，检查变压器灭火装置启动情况

C. 检查失电母线及各线路断路器，汇报值班调控人员，按照值班调控人员指令处理

D. 灭火后只检查直流电源系统运行情况。

三、判断题（每题 1 分，共 20 分）

1. 六氟化硫（SF_6）配电装置室、蓄电池室的排风机电源开关应设置在门外。（　　）

2. 蓄电池室应使用防爆型照明、排风机及空调，通风道应单独设置，开关、熔断器和插座等应装在蓄电池室的外面，蓄电池室的照明线应暗线铺设。（　　）

3. 转动着的发电机（电动机），即使未加励磁，亦应认为有电压。（　　）

4. 进入发电机（电动机）内部工作人员，无关杂物应取出，不得穿有钉子的鞋子入内，检查衣服纽扣是否完好。（　　）

5. 水轮机（水泵）检修前，检修负责人应检查防止转动的措施已具备。（ ）

6. 机组检修完毕后，应清点人员和工具，检查确无人和工具留在内部后，方可封孔或门。（ ）

7. 巡视检查时必须同时有两人进行。（ ）

8. 进行发电机（电动机）主轴与水轮机主轴脱止口工作时，应防止顶转子过程制动器超行程，工作人员手不得触摸法兰止口。（ ）

9. 在导水叶区域内或水车室调速环拐臂处工作时，如果导叶处于全关状态，应切断油压，投入接力器锁定，并在调速器上悬挂“禁止操作，有人工作”标示牌。（ ）

10. 水上作业应穿好救生衣（或绑安全绳、安全带），允许穿雨靴等笨重鞋类。雨天作业时，雨衣只能披在身上，不准穿袖。（ ）

11. 新参加电气工作的人员、实习人员和临时参加劳动的人员（管理人员、非全日制用工等），应经过安全知识教育后，方可到现场单独工作。（ ）

12. 禁止管理人员在起重工作区域内行走或停留。（ ）

13. 只有做好相关安全措施后，才允许用起重机起吊埋在地下的物件。（ ）

14. 人在梯子上时，禁止移动梯子。（ ）

15. 灭火时应将无关人员紧急撤离现场，防止发生人员伤亡。（ ）

16. 对变电站周边新增污染源应及时汇报本单位运检部。（ ）

17. 防汛物资应由专人保管、定点存放，并建立台账。（ ）

18. 应根据本地区的气候特点和现场实际，制定相应的变电站设备防寒预案和措施。（ ）

19. 运维人员应在巡视中重点检查设备的油温、油位、压力及软母线弛度的变化和管形母线的弯曲变化情况。（ ）

20. 巡视检查时可以单人进行。（ ）

四、论述题（每题 10 分，共 30 分）

1. 紧急救护时，现场工作人员应掌握哪些救护方法？

2. 高压断路器有哪些故障？

3. 在什么情况下需将运行中的变压器差动保护停用？

参 考 文 献

［1］刘铁民. 安全生产管理知识. 北京：中国大百科全书出版社，2008.

［2］石少华. 安全生产法及相关法律知识. 北京：中国大百科全书出版社，2008.

［3］刘衍胜. 生产经营单位安全管理人员安全培训教材. 北京：气象出版社，2006.

［4］刘衍胜. 生产经营单位主要负责人安全培训教材. 北京：气象出版社，2006.

［5］彭冬芝，郑霞忠. 现代企业安全管理. 北京：中国电力出版社，2004.

［6］中国水利水电工程总公司. 水利水电工程施工伤亡事故案例与分析. 北京：电力出版社，1996.

［7］张东普，董定龙. 生产现场伤害与急救. 北京：化学工业出版社，2005.

［8］粟继祖. 安全心理学. 北京：中国劳动社会保障出版社，2007.

［9］武汉高压研究所，胡毅. 配电线路带电作业技术. 北京：中国电力出版社，2002.

［10］余虹云，李瑞. 电力高处作业防坠落技术. 北京：中国电力出版社，2008.

［11］黄学农. 电网企业安全管理人员培训教材. 北京：电子工业出版社，2014.